新能源汽车动力电池系统检修

主　编　刘发军

副主编　郑礼民　张志雄　储　华

参　编　杨晓强　王　影　杨永翀

　　　　朱晓亮　蒋兵兵　蒋昕桦

主　审　谈黎虹

北京理工大学出版社

BEIJING INSTITUTE OF TECHNOLOGY PRESS

内 容 简 介

全书分 12 个学习任务讲述新能源汽车动力电池及动力电池管理系统的认知、检测、检修、更换的要点，以行业规范为依据，注重知识性、系统性、实用性的多重结合，尽量最直观地将最实用的内容呈现给读者。

本书以任务工单的形式向读者讲解新能源汽车动力电池及动力电池管理系统的基础知识和传授新能源汽车动力电池及动力电池管理系统检修的主要方法与实用技术。

本书内容系统全面，浅显易懂，特别适合新能源汽车动力电池及动力电池管理系统检修的初学者使用，也可作为高等院校、高职院校及技校等新能源汽车专业的教材，新能源汽车的私家车主也可参考。

图书在版编目（CIP）数据

新能源汽车动力电池系统检修 / 刘发军主编. -- 北京：北京理工大学出版社，2024.5
ISBN 978-7-5763-4037-2

Ⅰ . ①新… Ⅱ . ①刘… Ⅲ . ①新能源–汽车–蓄电池–检修 Ⅳ . ①U469.720.7

中国国家版本馆 CIP 数据核字（2024）第 102050 号

责任编辑： 陈莉华	**文案编辑：** 李海燕	
责任校对： 周瑞红	**责任印制：** 李志强	

出版发行 / 北京理工大学出版社有限责任公司
社　　址 / 北京市丰台区四合庄路 6 号
邮　　编 / 100070
电　　话 / (010) 68914026 （教材售后服务热线）
　　　　　　 (010) 68944437 （课件资源服务热线）
网　　址 / http://www.bitpress.com.cn

版 印 次 / 2024 年 5 月第 1 版第 1 次印刷
印　　刷 / 三河市天利华印刷装订有限公司
开　　本 / 787 mm×1092 mm　1/16
印　　张 / 13.25
字　　数 / 292 千字
定　　价 / 69.00 元

前 言

随着国家政策扶持力度的加大和新能源汽车技术的快速发展，新能源汽车行业发展迅猛，产销量大幅增长，对新能源汽车的生产制造与售后服务人员的人才需求逐步增加。党的二十大报告指出，"教育、科技、人才是全面建设社会主义现代化国家的基础性、战略性支撑"，职业教育更要承担起培养新能源汽车前后市场技术技能人才的重任。

新能源汽车涉及很多全新的技术领域，目前市场上关于混合动力汽车、纯电动汽车维修方面的书籍较少，尤其是针对职业院校开展常规教学任务的书籍。为了满足新能源汽车市场对新能源汽车人才的需求，特编写了本教材。本教材围绕新能源汽车专业的教学要求，突出职业教育特点，采用"基于工作过程"的方式编写。在对相关职业院校教学组织方式和新能源汽车技术技能人才岗位特点进行调研的基础上，分析出岗位典型工作任务及新能源汽车动力电池及动力电池管理系统的认知、检测、检修、更换的项目，据此提炼行动领域，从而构建了新能源汽车动力电池系统检修的系统化课程体系。本教材以理论知识为纲，以模块化任务为目，系统地将知识和任务串联为一体。每个任务工单对应新能源汽车动力电池及动力电池管理系统的认知、检测、检修、更换中的常见项目，以接受任务、信息收集、制订计划、计划实施、质量检查、评价反馈六大环节为主线，结合理论知识进行实操。在强化实际操作的同时，对理论知识也进行了巩固，以达到理论与实践一体化、工学一体化的教学目的。

本书由宁波技师学院教学团队牵头组织编写，刘发军任主编，郑礼民（衢州市技师学院）、张志雄任副主编，谈黎虹担任主审，参加编写的成员还有杨晓强、王影、杨永翀、朱晓亮、蒋兵兵、蒋昕桦，其中刘发军编写了学习任务一至学习任务三、杨晓强编写了学习任务四和学习任务五、张志雄和王影编写了学习任务六和学习任务七、杨永翀编写了学习任务八、郑礼民编写了学习任务九、朱晓亮编写了学习任务十、蒋兵兵编写了学习任务十一、蒋昕桦编写了学习任务十二，同时感谢北京未科新能教育科技有限公司唐亮总经理和杭州质数云创科技有限公司储华总经理提供相关素材。在编写过程中，参考了大量国内外相关文献和网络信息资料，在此，谨向这些资料信息的原创者们表示由衷的感谢！

囿于作者水平，及成书之匆促，书中疏漏之处在所难免，恳请广大读者朋友及业内专家多多指正。

编 者

目　录

学习任务一　电动汽车动力电池的认知

学习目标

1. 能说出动力电池的发展简史；
2. 能说出锂离子动力电池的类型、性能、结构和工作原理；
3. 能说出三种动力电池的性能，并说明应用特点；
4. 能应用动力电池的参数及性能指标判定纯电动汽车动力电池的种类及性能特点。

素质目标

1. 严格执行企业检修标准流程；
2. 严格执行企业 6S 管理制度；
3. 培养严谨求实的工匠精神、热爱劳动的好品质。

建议学时

9~12 学时。

工作情境描述

　　小刘是新能源汽车服务站的一名员工，负责新能源汽车检修工作，已经在服务站工作了一年。现服务站来了一名新员工，主管让小刘向新员工介绍电动汽车动力电池相关知识。

工作流程与活动

学习活动1　接受任务

　　建议学时：1 学时。

学习要求：了解电动汽车动力电池发展过程；锂离子电池的类型、性能、结构与工作原理；市面上量产车型动力电池组的性能参数以及 EV450 动力电池的性能特点。

具体要求：

1. 进行作业前准备。

（1）作业前现场环境检查。

（2）防护用具检查。

（3）仪表工具检查。

（4）测量绝缘地垫绝缘电阻。

2. 登记车辆基本信息。

项目	内容		完成情况
品牌			□是 □否
VIN			□是 □否
生产日期			□是 □否
动力电池	型号：	额定容量：	□是 □否
驱动电机	型号：	额定功率：	□是 □否
行驶里程		km	□是 □否

学习活动 2 信息收集

建议学时：1~2 学时。

学习要求：通过查找相关信息，能够了解电动汽车动力电池发展过程；锂离子电池的类型、性能、结构与工作原理；市面上量产车型动力电池组的性能参数以及 EV450 动力电池的性能特点。

具体要求：

1. 铅酸蓄电池的正极是（　　）。

A. 铅（Pb）　　　　　　　　　　B. 二氧化铅

C. 钴酸锂（LCO）　　　　　　　D. 镍氧化物

2. 镍氢电池的标称电压为（　　）。

A. 1.2 V　　　　　　　　　　　　B. 2.1 V

C. 3.7 V　　　　　　　　　　　　D. 4.2 V

3. 镍氢电池相对锂离子电池的优点在于（　　）。

A. 标称电压高　　　　　　　　　B. 能量密度高

C. 安全性好   D. 质量轻

4. 电池的开路电压取决于（　　　　）。

A. 电池的荷电状态   B. 温度

C. 记忆效应   D. 电池电动势

5. 电池容量单位为（　　　）。

A. $A \cdot h$ B. $W \cdot h$

C. $I \cdot h$ D. $V \cdot h$

6. 荷电状态 SOC 计算方法主要有（　　　）。

A. 安时计量法   B. 开路电压法

C. 线性模型法   D. 神经网络法

7. 电池额定容量为 50 A·h，以 0.5C 放电倍率放电电流为（　　　）。

A. 50 A   B. 25 A

C. 10 A   D. 5 A

8. 充满电的电池一次放完电，则放电深度 DOD 为（　　　）。

A. 0   B. 20%

C. 80%   D. 100%

9. 锂离子电池正极材料主要有（　　　）。

A. 钴酸锂（LCO）   B. 磷酸铁锂（LFP）

C. 锰酸锂（LMO）   D. 三元锂（NCM）

10. 某电池模组由容量 3 A·h，标称电压 3.7 V 的三元锂离子电池组成，电池模组输出电压为 14.8 V，容量为 9 A·h，则该电池模组型号为（　　　）。

A. 2P3S   B. 2P4S   C. 3P3S   D. 3P4S

11. EV450 电动汽车动力电池采用三元锂离子电池，由 10 个 1P6S 电池模组和 7 个 1P5S 电池模组串联形成，共计（　　　）节单体电池。

A. 92   B. 93   C. 94   D. 95

12. EV450 动力电池总成的高压连接器为（　　　）。

A. BV16   B. BV17   C. BV20   D. BV23

13. 完成下表不同类型电池性能对比。

电池类型	能量效率/%	能量密度/($W \cdot h \cdot kg^{-1}$)	标称电压/V	循环寿命
铅酸蓄电池				
镍氢电池				
锂离子电池（三元锂）				

14. 在空格中填出该车部件名称。

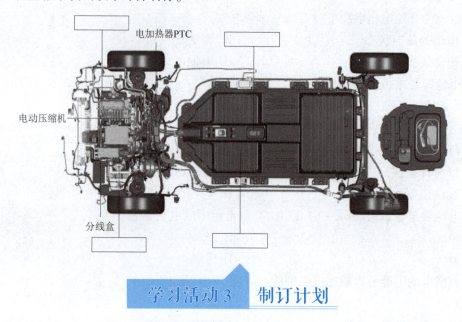

电加热器PTC

电动压缩机

分线盒

学习活动 3　制订计划

建议学时：1 学时。

学习要求：能与相关人员进行专业有效的沟通，根据新能源汽车动力电池的相关知识，制订相应的任务计划。

具体要求：

1. 根据动力电池认知任务，制订相应的任务计划。

作业流程		
序号	作业项目	操作要点
1	动力电池总成认知的准备工作	
2	北汽新能源汽车 EV160 动力电池的认知	
3	吉利帝豪 EV450 动力电池的认知	
4	恢复场地	
计划审核	审核意见： 　　　　　　　　　　　　　　　年　　　月　　　日　　签字	

2. 请根据纯电动汽车动力电池的作业计划，完成小组成员任务分工。

主操作人		记录员	
监护人		展示员	
检测设备/工具/材料			
序号	名称	数量	清点
1	纯电动新能源汽车	1 辆	☐已清点
2	安全帽	1 个	☐已清点
3	护目镜	1 副	☐已清点
4	绝缘鞋	1 双	☐已清点
5	绝缘手套	1 双	☐已清点
6	诊断仪	1 个	☐已清点
7	万用表	1 个	☐已清点
8	放电工装	1 套	☐已清点
9	绝缘检测仪	1 个	☐已清点

学习活动 4   计划实施

建议学时：4~6 学时。

学习要求：能根据制订的工作方案，进行动力电池总成认知的准备工作及北汽新能源汽车 EV160 动力电池的认知、吉利帝豪 EV450 动力电池的认知、恢复场地等工作。

具体要求：

1. 动力电池总成认知的准备工作。

作业图例	作业内容	完成情况
	关闭点火开关，拔下钥匙	☐是　☐否

作业图例	作业内容	完成情况
 断开蓄电池负极	拆下低压蓄电池负极，使用绝缘胶带包好，断开整车低压控制电源	□是　□否
	佩戴绝缘手套，断开动力电池高压维修开关	□是　□否
	当车辆举升到需要的高度时，举升机要锁止安全锁	□是　□否

作业图例	作业内容	完成情况
	拆下动力电池总正、总负和低压线束插头	□是　□否

2. 北汽新能源汽车 EV160 动力电池的认知。

作业图例	作业内容	完成情况
	电池箱体与车辆底盘的固定认知。 动力电池固定螺栓工具：＿＿＿＿＿ 动力电池固定螺栓扭力：＿＿＿＿＿	□是　□否
	（1）高压连接器认知。 高压线束插头颜色：＿＿＿＿＿＿ （2）低压连接器认知。 低压线束插头颜色：＿＿＿＿＿＿	□是　□否

作业图例	作业内容		完成情况
	电池箱体划痕/腐蚀/变形/破损检查		□是 □否
	查找资料填写完成动力电池参数		
	项目名称	普莱德－EV160	
	额定电压/V		
	电芯容量/(A·h)		
	标称电量/(kW·h)		
	连接方式		
	电芯供应商		
	动力电池管理系统（Battery Management System，BMS）供应商		
	工作电压范围/V		
	总体积/L		
	能量密度/(W·h·kg^{-1})		
	体积比能量/(W·h·L^{-1})		

3. 吉利帝豪 EV450 动力电池的认知。

作业图例	作业内容	完成情况
	电池箱体与车辆底盘的固定认知。 动力电池总成与车身固定螺栓 规格 扭力 个数 动力电池总成支架固定螺栓。 动力电池总成与车身固定螺栓 规格 扭力 个数	□是　□否
	（1）高压连接器认知。 动力电池与直流充电插座连接插头编号：_____ 　位置：□上　□下 动力电池与车载充电机连接插头编号：_____ 　位置：□上　□下 （2）低压连接器认知。 　低压线束插头 CA69 颜色：_____ 　低压线束插头 CA70 颜色：_____	□是　□否

作业图例	作业内容	完成情况
	电池箱体划痕/腐蚀/变形/破损检查。 填写完成动力电池参数。<table><tr><td>电池种类</td><td></td></tr><tr><td>额定电压/V</td><td></td></tr><tr><td>额定容量/(A·h)</td><td></td></tr><tr><td>质量</td><td></td></tr><tr><td>装置型号</td><td></td></tr><tr><td>物料编号</td><td></td></tr><tr><td>产品序号</td><td></td></tr><tr><td>生产日期</td><td></td></tr></table>	□是　□否

4. 恢复场地。

作业图例	作业内容	完成情况
	关闭车辆起动开关	□是　□否
	收起并整理防护四件套	□是　□否
	关闭测量平台一体机	□是　□否
	关闭测量平台电源开关	□是　□否
	清洁并整理测量平台	□是　□否
	清洁防护用具并归位	□是　□否
	清洁整理仪器设备与工具	□是　□否
	清洁实训场地	□是　□否
	收起安全警示牌	□是　□否
	收起安全围挡	□是　□否

学习活动 5　　质量检查

建议学时：1 学时。

学习要求：能根据纯电动动力电池的认知要求，按指导教师和行业规范标准进行作业，在项目工单上填写评价结果。

具体要求：

请指导教师检查本组作业结果，并针对作业过程出现的问题提出改进措施及建议。

序号	评价标准	评价结果
1	动力电池总成认知的准备工作是否充分	
2	北汽新能源汽车 EV160 动力电池的认知是否全面、操作是否规范	
3	吉利帝豪 EV450 动力电池的认知是否全面、操作是否规范	
4	恢复场地是否规范	
综合评价	☆　☆　☆　☆　☆	
综合评语 （作业问题及 改进建议）		

学习活动 6　　评价反馈

建议学时：1 学时。

学习要求：能够说出动力电池的发展简史；能说出锂离子动力电池的类型、性能、结构和工作原理；能说出三种动力电池的性能，并说明应用特点；能应用动力电池的参数及性能指标判定纯电动汽车动力电池的种类及性能特点；在作业结束后及时记录、反思、评价、存档，总结工作经验，分析不足，提出改进措施，注重自主学习与提升。

具体要求：

1. 请根据自己在课堂中的实际表现进行自我反思和自我评价。

自我反思： _____

_____

_____ 。

自我评价： _____

_____

_____ 。

2. 请教师根据学生在课堂中的实际表现进行评价打分。

项目	内容	评分标准	得分
知识点 （30分）	认知动力电池和锂离子电池的种类（10分）	正确表述种类和名称	
	了解动力电池箱的结构（10分）	正确描述动力电池箱的结构	
	熟悉各种动力电池的标称电压和EV450动力电池总成性能参数（10分）	正确表述动力电池的标称电压和EV450动力电池总成的性能参数，错一项扣2分	
技能点 （45分）	正确完成准备工作（5分）	视完成情况扣分	
	正确搜集车辆信息（5分）	视完成情况扣分	
	正确找到动力电池的位置（5分）	视完成情况扣分	
	正确检查动力电池箱的外观（10分）	视完成情况扣分	
	检查动力电池螺栓的紧固状态（5分）	视完成情况扣分	
	正确检查动力电池外部高低压插接件（15分）	视完成情况扣分	
素质点 （25分）	严格执行操作规范（10分）	视不规范情况扣分	
	任务完成的熟练程度（10分）	视完成情况扣分	
	6S管理（5分）	视完成情况扣分	
总分（满分100分）			

2019 年诺贝尔化学奖获得者吉野彰

吉野说，开发锂电池后起初 3 年完全卖不出去，精神上、肉体上压力都很大，但他觉得自己是幸运的人，锂电池与 IT 革命一起成长，今后重要的是，对于环境问题，锂电池是否能提供适当的解决方案。

为什么喜欢化学，吉野说，之所以喜欢化学，是因为小学三四年级的班导师曾建议他阅读一本书，内容记载着蜡烛为何会燃烧、蜡烛火焰为何变黄等。被问到成功的理由时，吉野表示，一定要有柔软性与执着心。

问题：结合对动力电池的学习，谈谈动力电池今后的发展方向及在环保方面的优势。

学习任务二　动力电池总成漏电检测

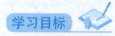 **学习目标**

1. 能说出动力电池包的安全要求；
2. 能正确查阅电路图；
3. 能正确利用仪器设备进行动力电池总成漏电检测。

 素质目标

1. 严格执行企业检修标准流程；
2. 严格执行企业 6S 管理制度；
3. 培养严谨求实的工匠精神、热爱劳动的好品质。

 建议学时

9~12 学时。

 工作情境描述

　　小刘是新能源汽车服务站的一名员工，负责新能源汽车检修工作。现有一辆 2018 款吉利帝豪 EV450 电动汽车，客户反映车辆无法行驶，仪表盘显示剩余电量 0，不显示续航里程，仪表盘上故障灯点亮。经维修技师检测，确定为动力电池内部故障，需要更换动力电池总成。更换动力总成之前需要对动力总成进行漏电检测。

 工作流程与活动

学习活动 1　接受任务

建议学时：1 学时。

学习要求：能够了解动力电池包的安全要求，能查阅电路图，进行作业前的准备工作。

具体要求：

1. 进行作业前准备。

（1）作业前现场环境检查。

（2）防护用具检查。

（3）仪表工具检查。

（4）测量绝缘地垫绝缘电阻。

2. 登记车辆基本信息。

项目	内容	完成情况
品牌		□是　□否
VIN		□是　□否
生产日期		□是　□否
动力电池	型号：　　　　额定容量：	□是　□否
驱动电机	型号：　　　　额定功率：	□是　□否
行驶里程	km	□是　□否

学习活动2　信息收集

建议学时：1~2学时。

学习要求：通过查找相关信息，能够了解动力电池包的安全要求，能查阅电路图。

具体要求：

1. 2P5S 的含义为 _____ 。

2. 填写下图空白处的名称。

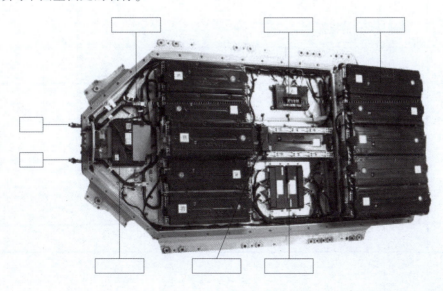

3. 填写下表横线处的数值。

	正常	R≥500 Ω/V	组合仪表 REDAY 正常亮起
动力电池漏电	一般漏电	_____	仪表灯亮，报动力系统故障
	严重漏电	_____	行车中：仪表灯亮，立即断开主接触器。 停车中：禁止上电；仪表灯亮，报动力系统故障。 充电中：断开交流充电接触器；仪表灯亮，报动力系统故障

学习活动 3　制订计划

建议学时：1 学时。

学习要求：能与相关人员进行专业有效的沟通，根据新能源汽车动力电池漏电检测的相关知识，制订相应的任务计划。

具体要求：

1. 根据动力电池漏电检测知识，制订相应的任务计划。

作业流程		
序号	作业项目	操作要点
1	动力电池总成漏电检测的准备工作	
2	登记车辆基本信息	
3	断开动力电池高压连接器插头 BV17	
4	绝缘检测仪的检查	
5	动力电池绝缘电阻测试	
6	恢复场地	
计划审核	审核意见： 　　　　　　　　　　　　　　　　　年　　月　　日　　签字	

2. 请根据纯电动汽车动力电池总成漏电检测的作业计划，完成小组成员任务分工。

主操作人		记录员	
监护人		展示员	
检测设备/工具/材料			
序号	名称	数量	清点
1	纯电动新能源汽车	1 辆	□已清点
2	安全帽	1 个	□已清点
3	护目镜	1 副	□已清点
4	绝缘鞋	1 双	□已清点
5	绝缘手套	1 双	□已清点
6	诊断仪	1 个	□已清点
7	万用表	1 个	□已清点
8	放电工装	1 套	□已清点
9	绝缘检测仪	1 个	□已清点

学习活动 4   计划实施

建议学时：4~6 学时。

学习要求：能根据制订的工作方案，进行动力电池总成认知的准备工作，动力电池总成漏电检测等工作。

具体要求：

1. 断开动力电池高压连接器插头 BV17。

作业图例	作业内容	完成情况
	操作起动开关使电源模式至 OFF 状态	□是　□否

作业图例	作业内容	完成情况		
	拆下低压蓄电池负极，使用绝缘胶带包好	□是 □否		
	断开动力电池高压线线束连接器 BV17，并做好绝缘防护	□是 □否		

2. 绝缘检测仪的检查。

作业图例	作业内容	完成情况		
	将红色测量线插入 L 插孔，黑色测量线插入 E 插孔	□是 □否		
	按下电源开关"POWER"按键	□是 □否		
		测量值	标准值	判别
	将测量探头置于空气中，按下测试按钮，读取测量值	____ MΩ	____ MΩ	□正常 □异常

续表

作业图例	作业内容	完成情况		
		测量值	标准值	判别
	将红黑测量探头短接约 2 s，接触时读取测试阻值	＿＿ MΩ	＿＿ MΩ	□正常 □异常
	注意事项：在执行开路测试时，禁止使用身体部位触碰测试探头	□正常　□异常		

检测分析：

3. 动力电池绝缘电阻测试。

作业图例	作业内容	完成情况		
	将红色测量线插入 L 插孔，黑色测量线插入 E 插孔	□是　□否		
	根据测量需要选择测试电压	□ 250 V □ 500 V □ 1 000 V		
	按下电源开关"POWER"按键	□是　□否		
	将红色表笔连接测试部件，黑色表笔接地，按下测试按钮，读取数值	测量值	标准值	判别
		＿＿MΩ	＿＿MΩ	□正常 □异常

检测分析：

4. 恢复场地。

作业图例	作业内容	完成情况
	关闭车辆起动开关	□是 □否
	收起并整理防护四件套	□是 □否
	关闭测量平台一体机	□是 □否
	关闭测量平台电源开关	□是 □否
	清洁并整理测量平台	□是 □否
	清洁防护用具并归位	□是 □否
	清洁整理仪器设备与工具	□是 □否
	清洁实训场地	□是 □否
	收起安全警示牌	□是 □否
	收起安全围挡	□是 □否

学习活动 5　质量检查

建议学时：1学时。

学习要求：能根据纯电动汽车动力电池总成漏电检测的要求，按指导教师和行业规范标准进行作业，在项目工单上填写评价结果。

具体要求：

请指导教师检查本组作业结果，并针对作业过程出现的问题提出改进措施及建议。

序号	评价标准	评价结果
1	作业前准备是否充分	
2	断开动力电池高压连接器插头 BV17 是否规范、正确	
3	绝缘检测仪的检查是否规范、正确	
4	动力电池绝缘电阻测试是否规范、正确	

序号	评价标准	评价结果
5	恢复场地是否规范	
综合评价	☆ ☆ ☆ ☆ ☆	
综合评语 （作业问题及 改进建议）		

学习活动 6　评价反馈

建议学时：1 学时。

学习要求：能够说出动力电池包的安全要求；能正确查阅电路图；能正确利用仪器设备进行动力电池总成漏电检测；在作业结束后及时记录、反思、评价、存档，总结工作经验，分析不足，提出改进措施，注重自主学习与提升。

具体要求：

1. 请根据自己在课堂中的实际表现进行自我反思和自我评价。

自我反思：_____

_____

_____ 。

自我评价：_____

_____

_____ 。

2. 请教师根据学生在课堂中的实际表现进行评价打分。

项目	内容	评分标准	得分
知识点 （30分）	认知动力电池结构（10分）	正确表述	
	理解单体电池、模组和包的关系（10分）	正确表述	

项目	内容	评分标准	得分
知识点 (30分)	熟悉动力电池总成的内部组成 (10分)	正确表述	
技能点 (45分)	正确完成环境检查（5分）	视完成情况扣分	
	正确完成防护用具和工具检查 （5分）	视完成情况扣分	
	正确完成车辆下电（5分）	视完成情况扣分	
	正确断开动力电池高压连接器插头 BV16（10分）	视完成情况扣分	
	正确完成车辆上电（5分）	视完成情况扣分	
	正确完成动力电池绝缘检测并判断是 否漏电（15分）	视完成情况扣分	
素质点 (25分)	严格执行操作规范（10分）	视不规范情况扣分	
	任务完成的熟练程度（10分）	视完成情况扣分	
	6S管理（5分）	视完成情况扣分	
总分（满分100分）			

思政园地

　　电动汽车真的很危险吗？以比亚迪为例，在过去15年间，这家企业生产了60多万辆的新能源汽车，其间没有发生过因动力电池故障引发的整车安全事故！比亚迪将可能引发电池漏电和燃烧的问题归纳为7个主要维度，即连接问题、高压防护问题、碰撞问题、过度充电问题、外部电路短路问题、内部电路短路问题和电池热失控问题。在进行动力电池设计时，比亚迪要求在4个主要设计层次，即电池电芯设计、电池模组设计、电池包设计、电池管理系统设计，都要针对上述7个维度的问题做出有效的保护性设计。

　　有的消费者会有这样的疑问：纯电动汽车的电压高达五六百伏，如果漏电岂不是很危险？特别是在大雨天，有人甚至不敢开电动车上路，生怕经过涉水路面时电池包泡水，高压电泄漏。那么问题来了，泡在水里高压电池包是怎么做到不漏电的？根据所学的知识回答这一问题。

学习任务三　动力电池总成更换

学习目标

1. 能说出单体电池、模组和动力电池包的组成和关系；
2. 能说出动力电池总成内部组成；
3. 能正确进行动力电池包的更换。

素质目标

1. 严格执行企业检修标准流程；
2. 严格执行企业 6S 管理制度；
3. 培养严谨求实的工匠精神、热爱劳动的好品质。

建议学时

9~12 学时。

工作情境描述

小刘是新能源汽车服务站的一名员工，负责新能源汽车检修工作。现有一辆 2018 款吉利帝豪 EV450 电动汽车，客户反映车辆无法行驶，仪表盘显示剩余电量 0，不显示续航里程，仪表盘上故障灯点亮。经维修技师检测，确定为动力电池内部故障，需要更换动力电池总成。

工作流程与活动

学习活动 1　接受任务

建议学时：1 学时。

学习要求：了解单体电池、模组和动力电池包的组成和关系；了解动力电池总成内部组成；能正确进行动力电池包的更换。

具体要求：

1. 进行作业前准备。

（1）作业前现场环境检查。

（2）防护用具检查。

（3）仪表工具检查。

（4）测量绝缘地垫绝缘电阻。

2. 登记车辆基本信息。

项目	内容		完成情况
品牌			□是　□否
VIN			□是　□否
生产日期			□是　□否
动力电池	型号：	额定容量：	□是　□否
驱动电机	型号：	额定功率：	□是　□否
行驶里程		km	□是　□否

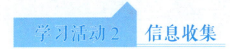
学习活动2　信息收集

建议学时：1~2学时。

学习要求：通过查找相关信息，了解单体电池、模组和动力电池包的组成和关系；了解动力电池总成内部组成；能正确进行动力电池包的更换。

具体要求：

1. 小组讨论完成下表，找出两款量产车型是使用三元锂离子电池的，并说明续航里程与哪些参数相关。

材料	钛酸锂离子电池（LTO）	锰酸锂离子电池（LMO）	磷酸铁锂离子电池（LFP）	三元锂离子电池（NCM）
能量密度理论极限/（W·h·kg^{-1}）				
标称电压/V				
循环寿命				

材料	钛酸锂离子电池（LTO）	锰酸锂离子电池（LMO）	磷酸铁锂离子电池（LFP）	三元锂离子电池（NCM）
安全性				
成本				

两款量产车型分别是：_____。

两款量产车型的续航里程是：_____。

与续航里程有关的参数是：_____。

2. 在维修手册中找到动力电池的参数，并说出动力电池铭牌参数的含义。

（1）动力电池的参数在维修手册的页码：_____。

说出以上参数的含义，并抄写在下方。

峰值功率：

额定功率：

电池容量：

电池组额定电压：

（2）查阅维修手册，填写下表。

项目	参数	项目	参数
单体电池类型		峰值功率	
单体电池标称电压		电池包额定容量	
电池包标称总电压		质量	
额定功率		工作电压范围	

（3）动力电池总容量的估算。

EV450 动力电池的连接方式是：_____。

请画出动力电池连接简图：

计算动力电池的总电量为：_____ kW·h。

根据经验，动力电池的成本为 1 500~2 500 元/度电，则 EV450 动力电池的成本价约为
_____元。

（4）在实车上找出动力电池高压插头的 4 个端子：①BV16/1；②BV16/2；③BV23/1；
④BV23/2，将高压插头 4 个端子编号填写至对应空白位置。

学习活动3 制订计划

建议学时：1 学时。

学习要求：能与相关人员进行专业有效的沟通，根据新能源汽车动力电池总成更换的相
关知识，制订相应的任务计划。

具体要求：

1. 根据动力电池总成更换任务，制订相应的任务计划。

作业流程		
序号	作业项目	操作要点
1	车辆下电操作	
2	拆卸动力电池总成	
3	安装动力电池总成	
4	车辆上电操作	
5	恢复场地	
计划审核	审核意见： 　　　　　　　　　年　　月　　日　签字	

2. 请根据纯电动汽车动力电池总成更换的作业计划，完成小组成员任务分工。

主操作人		记录员	
监护人		展示员	
检测设备/工具/材料			
序号	名称	数量	清点
1	纯电动新能源汽车	1 辆	□已清点
2	安全帽	1 个	□已清点
3	护目镜	1 副	□已清点
4	绝缘鞋	1 双	□已清点
5	绝缘手套	1 双	□已清点
6	诊断仪	1 个	□已清点

序号	名称	数量	清点
7	万用表	1个	□已清点
8	放电工装	1套	□已清点
9	绝缘检测仪	1个	□已清点

学习活动4　计划实施

建议学时：4~6学时。

学习要求：能根据制订的工作方案，进行车辆下电操作、拆卸动力电池总成、安装动力电池总成、车辆上电操作、恢复场地等工作。

具体要求：

1. 车辆下电操作。

作业图例	作业内容	完成情况
	连接诊断仪	□是　□否
	车辆通电	□是　□否

作业图例	作业内容	完成情况
	确认车辆是否存在故障代码	□是　□否
	关闭点火开关	□是　□否
	将钥匙放置在安全位置	□是　□否

作业图例	作业内容	完成情况
	测量蓄电池电压	□是　□否
	断开蓄电池负极	□是　□否
	静止等待 5 min	□是　□否

作业图例	作业内容	完成情况
	断开动力母线线束连接器 BV17	□是　□否
	验电：实际测量值<5 V，说明在安全电压范围内	□是　□否
	包裹动力母线端口	□是　□否

2. 拆卸动力电池总成。

作业图例	作业内容	完成情况
	支撑动力电池总成。举升车辆，确保举升机的支撑点不要支撑在动力电池包上	□是　□否
	置入平台车，使平台车支撑动力电池总成	□是　□否
	断开动力电池出水管与水泵（电池）的连接	□是　□否

作业图例	作业内容	完成情况
	断开动力电池进水管与电池膨胀壶的连接	□是　□否
	断开动力电池的两个高压线束连接器②	□是　□否
	断开动力电池的两个低压线束连接器①	□是　□否

续表

作业图例	作业内容	完成情况
	拆卸动力电池搭铁线固定螺栓	□是　□否
	拆卸动力电池防撞梁 4 个固定螺栓	□是　□否
	拆卸动力电池总成后部 3 个固定螺栓	□是　□否

作业图例	作业内容	完成情况
	拆卸动力电池总成前部 2 个固定螺栓	□是 □否
	拆卸动力电池总成左右 7 个固定螺栓	□是 □否
	缓慢下降平台,取出动力电池总成。(注意动力电池下降过程中,平台车缓慢向前移动,可以避免动力电池与后悬架干涉)	□是 □否

3. 安装动力电池总成。

作业图例	作业内容	完成情况
	缓慢举升平台车,调整平台车位置,使动力电池总成上的安装孔与车身对齐	□是 □否

作业图例	作业内容	完成情况	
	按标准力矩安装并固定动力电池总成后部 3 个固定螺栓	□是　　□否	
		标准力矩值	
	按标准力矩安装并固定动力电池总成前部 2 个固定螺栓；按标准力矩安装并固定动力电池总成左右 7 个固定螺栓	□是　　□否	
		标准力矩值	
	连接动力电池的两个低压线束连接器①	□是　　□否	
	连接动力电池的两个高压线束连接器②	□是　　□否（注意插接时应"一插、二响、三确认"）	

作业图例	作业内容	完成情况
		□是　□否
	按标准力矩安装动力电池搭铁固定螺栓	标准力矩值
	连接动力电池出水管与水泵（电池）的连接	□是　□否
	连接动力电池进水管与电池膨胀壶的连接	□是　□否

4. 车辆上电操作。

作业图例	作业内容	完成情况
	连接动力母线线束连接器 BV17	□是　□否
	连接蓄电池负极	□是　□否
	取出钥匙，车辆上电	□是　□否

作业图例	作业内容	完成情况
	通过解码器验证车辆是否有故障	□是　□否

5. 恢复场地。

作业图例	作业内容	完成情况
	关闭车辆起动开关	□是　□否
	收起并整理防护四件套	□是　□否
	关闭测量平台一体机	□是　□否
	关闭测量平台电源开关	□是　□否
	清洁并整理测量平台	□是　□否
	清洁防护用具并归位	□是　□否
	清洁整理仪器设备与工具	□是　□否
	清洁实训场地	□是　□否
	收起安全警示牌	□是　□否
	收起安全围挡	□是　□否

学习活动 5　质量检查

建议学时：1 学时。

学习要求：能根据纯电动动力电池总成更换的要求，按指导教师和行业规范标准进行作业，在项目工单上填写评价结果。

具体要求：

请指导教师检查本组作业结果，并针对作业过程中出现的问题提出改进措施及建议。

序号	评价标准	评价结果
1	车辆下电操作是否规范	
2	拆卸动力电池总成是否规范	
3	安装动力电池总成是否规范	
4	车辆上电操作是否规范	
5	恢复场地是否规范	
综合评价	☆　☆　☆　☆　☆	
综合评语 （作业问题及 改进建议）		

学习活动 6　评价反馈

建议学时：1 学时。

学习要求：能说出单体电池、模组和动力电池包的组成和关系；能说出动力电池总成内部组成；能正确进行动力电池包的更换。在作业结束后及时记录、反思、评价、存档，总结工作经验，分析不足，提出改进措施，注重自主学习与提升。

具体要求：

1. 请根据自己在课堂中的实际表现进行自我反思和自我评价。

自我反思：_____

_____

_____。

自我评价：_____

_____

_____。

2. 请教师根据学生在课堂中的实际表现进行评价打分。

项目	内容	评分标准	得分
知识点 （30 分）	认知三元锂离子电池的种类及续航里程（10 分）	正确表述种类和续航里程	
	了解动力电池箱的铭牌参数（10 分）	正确描述动力电池箱的性能参数	
	熟悉各种动力电池的标称电压和 EV450 动力电池总成容量及价格估算（10 分）	正确估算 EV450 动力电池总成成本	
技能点 （45 分）	正确完成准备工作（5 分）	视完成情况扣分	
	正确搜集车辆信息（5 分）	视完成情况扣分	
	正确检查动力电池的绝缘性（5 分）	视完成情况扣分	
	正确拆卸动力电池总成（10 分）	视完成情况扣分	
	正确安装动力电池总成（5 分）	视完成情况扣分	
	正确检查动力电池性能（5 分）	视完成情况扣分	
	正确检查动力电池外部绝缘性（10 分）	视完成情况扣分	
素质点 （25 分）	严格执行操作规范（10 分）	视不规范情况扣分	
	任务完成的熟练程度（10 分）	视完成情况扣分	
	6S 管理（5 分）	视完成情况扣分	
总分（满分 100 分）			

　　据统计，2020 年，中国销售 130 万辆电动汽车。随着新能源汽车的快速普及，动力电池及相关材料产业发展迅猛，电池报废问题引发关注。"一般动力电池会在 5~6 年后退役，若对报废电池不加以回收处置，依现在巨大的电池保有量，届时将形成生态灾难。"全国政协委员、金澳集团董事长舒心表示。舒心建议，可以成立国家统筹基金，依据电动汽车销售区域分布重点布置大量回收点，电池企业可通过按产量向基金会缴纳服务费的方式共享回收网络。最终形成以国家基金为主，车企深度参与，电池企业、回收企业补充布局回收点，物流企业协同联动的全面动力电池回收体系。

　　问题： 为什么"动力电池会在 5~6 年后退役"？结合相关政策谈谈对"最终形成以国家基金为主，车企深度参与，电池企业、回收企业补充布局回收点，物流企业协同联动的全面动力电池回收体系"的看法。

学习任务四 动力电池管理系统供电检测

 学习目标

1. 掌握动力电池管理系统 BMS 结构组成、类型；
2. 理解动力电池管理系统的功能和工作原理；
3. 能正确查阅动力电池管理系统供电电路图；
4. 能正确利用仪器工具对动力电池管理系统供电线路进行检测。

 素质目标

1. 严格执行企业检修标准流程；
2. 严格执行企业 6S 管理制度；
3. 培养严谨求实的工匠精神、热爱劳动的好品质。

 建议学时

9~12 学时。

 工作情境描述

　　小刘是新能源汽车服务站的一名学徒工，负责新能源汽车检修工作。今天主管老王教小刘学习识别动力电池管理系统的结构及其供电检测。（动力电池管理系统 BMS 是对动力电池包进行监测、保护和运行管理的一套系统，它是电动汽车动力电池核心技术之一。BMS 通过对动力电池包及其单体电池状态进行监测、运算分析、能量控制、均衡控制、故障自诊断等，保持动力电池正常运行，保证车辆运行安全和提高动力电池寿命。）

学习活动 1　接受任务

建议学时：1 学时。

学习要求：了解动力电池管理系统 BMS 结构组成、类型；理解动力电池管理系统的功能和工作原理；能正确查阅动力电池管理系统供电电路图。

具体要求：

1. 进行作业前准备。

（1）作业前现场环境检查。

（2）防护用具检查。

（3）仪表工具检查。

（4）测量绝缘地垫绝缘电阻。

2. 登记车辆基本信息。

项目	内容		完成情况
品牌			□是　□否
VIN			□是　□否
生产日期			□是　□否
动力电池	型号：	额定容量：	□是　□否
驱动电机	型号：	额定功率：	□是　□否
行驶里程		km	□是　□否

学习活动 2　信息收集

建议学时：1~2 学时。

学习要求：通过查找相关信息，能够了解电动汽车动力电池发展过程，锂离子电池的类型、性能、结构与工作原理，市面上量产车型动力电池组的性能参数以及 EV450 动力电池的性能特点。

具体要求：

1. 动力电池管理系统英文缩写为_____。

2. 按 GB/T 31466—2015《电动汽车高压系统电压等级》的规定，电动汽车可选电压一般为_____、_____、_____、_____、_____等。

3. 动力电池管理系统是_____的一套系统。

4. 动力电池管理系统是动力电池与_____沟通的桥梁。

5. 动力电池管理系统一般包括_____、_____、_____、_____、_____等 5 个部分。

6. 动力电池管理系统的控制单元 BMU 一般集成有_____、_____两个模块。

7. 高压配电盒主要包括_____、_____、_____、_____等。

8. 动力电池管理系统常用电流传感器主要有_____、_____两种。

9. 锂离子电池理想的工作温度是_____℃。

10. 动力电池管理系统主要功用是_____、_____、_____、_____、_____等。

11. 单体电池电压采样周期不超过_____，测量精度_____（满量程），且全温度范围内误差不大于_____。

12. 按照 GB 18384—2020 标准的规定，绝缘电阻_____属于严重绝缘故障。

13. 电池荷电状态估算简称_____，电池健康状态估算简称_____。

14. 动力电池管理系统能量管理主要包括_____和_____。

15. 动力 CAN 总线的速率要求≥_____。

16. 动力电池管理系统按主控模块和从控模块拓扑结构可分为_____和_____两种类型。

17. 动力电池温度传感器主要有_____、_____、_____等形式。

18. 标准化电压是 75 mV，额定电流 100 A 的分流器电阻值为_____。

19. 霍尔电流传感器包括_____和_____两种类型。

20. 高压母线绝缘性检测方法主要有_____、_____和_____等。

21. 脉冲信号注入法可单独检测_____和_____的绝缘电阻。

22. 高压互锁就是_____。

23. 高压连接器插入时，_____先接触，_____后闭合。

24. 高压互锁 HVIL 检测电路一般有_____和_____两种。

25. 动力电池状态估算主要包括_____、_____、_____、_____和_____等。

26. SOC 的估算方法主要有_____、_____、_____、_____和_____等。

27. 实践应用中常用_____与_____作为评价 SOH 的指标。

28. 动力电池均衡按能量的转移形式可分为_____、_____两种类型。

29. 主动均衡可分为_____、_____和_____等。

30. 动力电池管理系统的内部通信可分为_____和_____两种。

31. 在空格中填出 EV450 动力电池各部件名称。

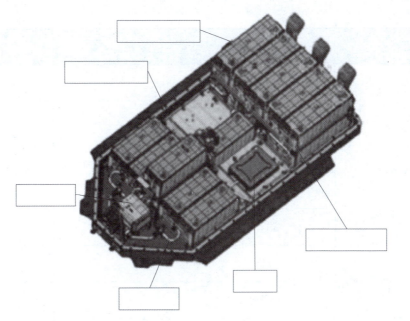

32. 在空格中填出 EV450 动力电池高压、低压连接器编号，并标注低压连接器端子定义。

连接器名称	端子号	定义	颜色
CA69	1		
	2		
	3		
	4		
	5		
	6		

连接器名称	端子号	定义	颜色
CA69	7		
	8		
	9		
	10		
	11		
	12		
连接器名称	端子号	定义	颜色
CA70	1		
	2		
	3		
	4		
	5		
	11		
	12		

33. 画出 EV450 动力电池管理系统供电线路简图。

学习活动 3 制订计划

建议学时：1 学时。

学习要求：能与相关人员进行专业有效的沟通，根据新能源汽车动力电池管理系统供电检测的相关知识，制订相应的任务计划。

具体要求：

1. 根据动力电池管理系统供电检测任务，制订相应的任务计划。

作业流程		
序号	作业项目	操作要点
1	动力电池管理系统供电检测的准备工作	
2	读取故障代码、数据流	
3	检查蓄电池电压	
4	检查 BMS 供电电源保险丝 EF01 和 IF18 是否熔断	
5	检查 BMS 控制器线束连接器侧电源电压	
6	恢复场地	
计划审核	审核意见： 年　　月　　日　　签字	

2. 请根据纯电动汽车动力电池管理系统供电检测的作业计划，完成小组成员任务分工。

主操作人		记录员	
监护人		展示员	
检测设备/工具/材料			
序号	名称	数量	清点
1	纯电动新能源汽车	1 辆	□已清点

序号	名称	数量	清点
2	安全帽	1 个	□已清点
3	护目镜	1 副	□已清点
4	绝缘鞋	1 双	□已清点
5	绝缘手套	1 双	□已清点
6	诊断仪	1 个	□已清点
7	万用表	1 个	□已清点
8	放电工装	1 套	□已清点
9	绝缘检测仪	1 个	□已清点

学习活动 4　计划实施

建议学时：4~6 学时。

学习要求：能根据制订的工作方案，进行动力电池管理系统供电检测的准备工作，读取故障代码、数据流，检查蓄电池电压，检查 BMS 供电电源保险丝 EF01 和 IF18 是否熔断，检查 BMS 控制器线束连接器侧电源电压，恢复场地等工作。

具体要求：

1. 读取故障代码、数据流。

作业图例	作业内容	完成情况
	关闭点火开关	□是　　□否

作业图例	作业内容	完成情况
	将 OBD Ⅱ测量线连接至 VCI 设备 连接车辆 OBD 诊断座，VCI 设备电源指示灯亮起	□是　□否
	打开点火开关	□是　□否
	选择相应车型并读取故障代码	□是　□否

作业图例	作业内容	完成情况
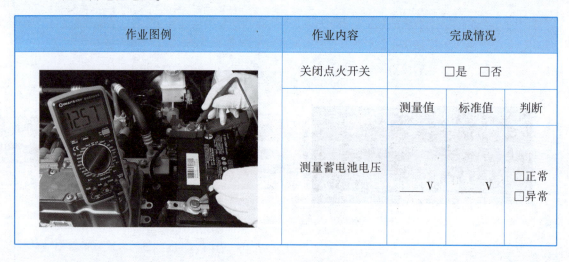	读取与故障相关数据流	□是　□否

2. 检查蓄电池电压。

作业图例	作业内容	完成情况		
	关闭点火开关	□是　□否		
		测量值	标准值	判断
	测量蓄电池电压	＿＿ V	＿＿ V	□正常 □异常

3. 检查 BMS 供电电源保险丝 EF01 和 IF18 是否熔断。

作业图例	作业内容	完成情况
	断开蓄电池负极	□是　□否

作业图例	作业内容	完成情况		
	拔下保险丝 EF01	□是　□否		
	拔下保险丝 IF18	□是　□否		
	测量蓄电池电压	□是　□否		
		测量位置	测量值	标准值
		EF01	＿＿ Ω	＿＿ Ω
		IF18	＿＿ Ω	＿＿ Ω

4. 检查 BMS 控制器线束连接器侧电源电压。

作业图例	作业内容	完成情况
	断开 BMS 控制器线束连接器 CA69	□是　□否
	连接蓄电池负极	□是　□否
	关闭点火开关	□是　□否

作业图例	作业内容	完成情况		
		测量值	标准值	判断
	常电测量： 测量线束连接器 CA69/（　　）与 接地电压	＿＿V	＿＿V	□正常 □异常
	将起动开关打至 ON 挡	□是　　□否		
		测量值	标准值	判断
	IG 电源测量： 测量线束连接器 CA69/（　　）与 接地电压	＿＿V	＿＿V	□正常 □异常

5. 场地恢复。

作业图例	作业内容	完成情况
	关闭车辆起动开关	□是　□否
	收起并整理防护四件套	□是　□否
	关闭测量平台一体机	□是　□否
	关闭测量平台电源开关	□是　□否
	清洁并整理测量平台	□是　□否
	清洁防护用具并归位	□是　□否
	清洁整理仪器设备与工具	□是　□否
	清洁实训场地	□是　□否
	收起安全警示牌	□是　□否
	收起安全围挡	□是　□否

学习活动5　质量检查

建议学时：1学时。

学习要求：能根据纯电动动力电池管理系统供电检测的认知要求，按指导教师和行业规范标准进行作业，在项目工单上填写评价结果。

具体要求：

请指导教师检查本组作业结果，并针对作业过程中出现的问题提出改进措施及建议。

序号	评价标准	评价结果
1	动力电池管理系统供电检测的准备工作是否充分	
2	读取故障代码、数据流是否规范、安全、全面	

序号	评价标准	评价结果
3	检查蓄电池电压是否规范、安全、全面	
4	检查 BMS 供电电源保险丝 EF01 和 IF18 是否熔断，过程是否规范、安全、全面	
5	检查 BMS 控制器线束连接器侧电源电压是否规范、安全、全面	
6	恢复场地	
综合评价	☆ ☆ ☆ ☆ ☆	
综合评语 （作业问题及 改进建议）		

学习活动 6　评价反馈

建议学时：1 学时。

学习要求：能够了解动力电池管理系统 BMS 结构组成、类型；理解动力电池管理系统的功能和工作原理；能正确查阅动力电池管理系统供电电路图。在作业结束后及时记录、反思、评价、存档，总结工作经验，分析不足，提出改进措施，注重自主学习与提升。

具体要求：

1. 请根据自己在课堂中的实际表现进行自我反思和自我评价。

自我反思：_____

_____

_____。

自我评价：_____

_____

_____。

2. 请教师根据学生在课堂中的实际表现进行评价打分。

项目	内容	评分标准	得分
知识点 (30分)	认知动力电池管理系统的组成（10分）	正确表述动力电池管理系统的5项组成	
	理解动力电池管理系统的功能（10分）	正确表述动力电池管理系统的7项功能	
	熟悉动力电池管理系统供电线路图及低压连接器端子含义（10分）	端子错误每项扣3分	
技能点 (45分)	正确完成环境检查（5分）	视完成情况扣分	
	正确完成防护用具和工具检查（5分）	视完成情况扣分	
	正确读取数据流（5分）	视完成情况扣分	
	正确完成上下电操作（10分）	视完成情况扣分	
	正确完成蓄电池电压测量（5分）	视完成情况扣分	
	正确完成保险丝的短路检查（5分）	视完成情况扣分	
	正确完成供电电压测量（10分）	视完成情况扣分	
素质点 (25分)	严格执行操作规范（10分）	视不规范情况扣分	
	任务完成的熟练程度（10分）	视完成情况扣分	
	6S管理（5分）	视完成情况扣分	
总分（满分100分）			

思政园地

　　不久前，蔚来发布的新车eT7有续航1 000 km版本，但实际上1 000 km续航的版本没有现车，官方宣称起码要一年后才能交付。2020年7月，广汽研发的新型硅负极材料动力电池，能使电动汽车续航突破1 000 km。

　　恒大研究院发布了一个《中国新能源汽车发展报告2020：穿越疫情的至暗时刻》，提到了2017年电动车的平均续航里程是212 km，电池的平均能量密度仅仅只有104 $W \cdot h \cdot kg^{-1}$。

到 2020 年，平均续航已经达到 391 km，电池平均能量密度达到 153 W·h·kg⁻¹。那么简单地推算一下，当能量密度达到 350 W·h·kg⁻¹ 时，电动车的续航里程才能达到 1 000 km。而能量密度平均每年增长为 15.4%，也就是说从 2020 年开始算，起码要 6 年才能达到 350 W·h·kg⁻¹ 的水平，而电动车的实际续航里程起码还是要缩水 30% 左右，也就意味着有可能要往后面延 10 年左右，实际的续航里程才能达到 1 000 km。

北京航空航天大学教授徐向阳强调，当电动车续航里程超过 500 km，应该更关注的是安全、成本和充放电的快捷与便利性，而不是一味地去追求 1 000 km 的续航里程。光从续航里程的角度来说，现在就已经有很多企业研发出能让电动车达到 1 000 km 的续航的电池了，但是如果在考虑整车成本、可靠性的情况下，量产车上目前还是做不到 1 000 km 的实际续航。目前 1 000 km 的续航，大多数都是靠增加电池来实现的。

问题：请思考，你觉得纯电动车有必要追求 1 000 km 续航里程吗？

学习任务五　动力电池状态检测

学习目标

1. 理解动力电池管理系统监测、SOC 状态分析、能量管理控制和信息管理原理；
2. 能正确查阅电路图；
3. 能正确利用仪器设备进行动力电池性能检测；
4. 能识读动力电池性能参数。

素质目标

1. 严格执行企业检修标准流程；
2. 严格执行企业 6S 管理制度；
3. 培养严谨求实的工匠精神、热爱劳动的好品质。

建议学时

9~12 学时。

工作情境描述

　　小刘是新能源汽车服务站的一名员工，负责新能源汽车检修工作。一辆 2018 款吉利帝豪 EV450 电动汽车出现动力电池性能下降，小刘接受维修任务后，需要运用诊断仪对吉利帝豪 EV450 电动汽车进行动力电池性能检测，请你根据车间主管要求完成动力电池性能检测工作。

工作流程与活动

学习活动 1　接受任务

建议学时：1 学时。

学习要求：理解动力电池管理系统监测、SOC 状态分析、能量管理控制和信息管理原理；能正确查阅电路图；能正确利用仪器设备进行动力电池性能检测；能识读动力电池性能参数。

具体要求：

1. 进行作业前准备：

（1）作业前现场环境检查。

（2）防护用具检查。

（3）仪表工具检查。

（4）测量绝缘地垫绝缘电阻。

2. 登记车辆基本信息。

项目	内容	完成情况
品牌		□是　□否
VIN		□是　□否
生产日期		□是　□否
动力电池	型号：　　　　　额定容量：	□是　□否
驱动电机	型号：　　　　　额定功率：	□是　□否
行驶里程	km	□是　□否

学习活动 2　信息收集

建议学时：1~2 学时。

学习要求：通过查找相关信息，能够了解动力电池管理系统监测、SOC 状态分析、能量管理控制和信息管理原理；能看懂电路图；能识读动力电池性能参数。

具体要求：

1. 查阅 EV450 维修手册，熟悉动力电池管理系统故障代码，并根据维修手册完成下表。

故障代码	故障描述/条件	故障部件/排除方法
U3006-16		
U3006-17		

故障代码	故障描述/条件	故障部件/排除方法
U3472-87		
U111487		
U111587		
U011087		
P153E-08		
P1567-22		
P1567-21		
P159A-01		
P159B-22		
P159D-01		
P159E-01		

2. EV450 组合仪表中动力电池管理状态指示灯。

指出上图中下述三种指示灯的位置：

（1）动力电池电量低指示灯。

（2）动力电池故障指示灯。

（3）系统故障指示灯。

建议学时：1 学时。

学习要求：能与相关人员进行专业有效的沟通，根据新能源汽车动力电池状态监测的相关知识，制订相应的任务计划。

具体要求：

1. 根据动力电池状态监测的任务，制订相应的任务计划。

作业流程		
序号	作业项目	操作要点
1	动力电池状态检测的准备工作	
2	读取动力电池系统故障代码及数据流步骤	
3	从诊断仪读取的参数中识读动力电池的性能参数	
4	恢复场地	
计划审核	审核意见： 　　　　　　　　　年　　月　　日　签字	

2. 请根据纯电动汽车动力电池的作业计划，完成小组成员任务分工。

主操作人		记录员	
监护人		展示员	
检测设备/工具/材料			
序号	名称	数量	清点
1	纯电动新能源汽车	1 辆	□已清点
2	安全帽	1 个	□已清点

序号	名称	数量	清点
3	护目镜	1 副	□已清点
4	绝缘鞋	1 双	□已清点
5	绝缘手套	1 双	□已清点
6	诊断仪	1 个	□已清点
7	万用表	1 个	□已清点
8	放电工装	1 套	□已清点
9	绝缘检测仪	1 个	□已清点

学习活动4　计划实施

建议学时：4~6 学时。

学习要求：能根据制订的工作方案，进行动力电池状态监测的准备工作，读取动力电池系统故障代码及数据流步骤、从诊断仪读取的参数中识读动力电池的性能参数、恢复场地等工作。

具体要求：

1. 读取动力电池系统故障代码及数据流步骤。

作业图例	作业内容	完成情况
	（1）将 OBD Ⅱ 测量线连接至 VCI 设备； （2）连接车辆 OBD 诊断座，VCI 设备电源指示灯亮起。 注意：连接诊断仪前需关闭点火开关	□是　□否

作业图例	作业内容	完成情况
	（1）打开诊断仪电源开关； （2）双击汽车故障电脑诊断仪； （3）进入诊断程序，VCI 显示"√"，表示诊断仪与 VCI 设备通信正常	□是　□否
	选择对应车型	□是　□否
	选择电源管理系统（BMS）	□是　□否

作业图例	作业内容	完成情况
	基本诊断	□是　□否
	读取故障代码	□是　□否
	清除故障代码	□是　□否

作业图例	作业内容	完成情况
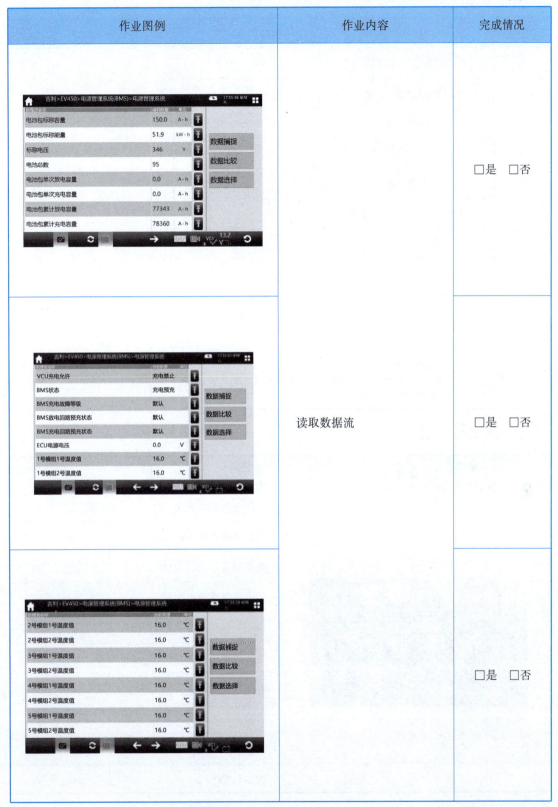		□是　□否
	读取数据流	□是　□否
		□是　□否

2. 从诊断仪读取的参数中识读动力电池的性能参数。

序号	数据流名称	当前数据	备注
1	电池包标称容量		
2	电池包标称能量		
3	标称电压		
4	电池总数		
5	最大电芯电压		
6	最大电芯电压的电芯号		
7	最小电芯电压		
8	最小电芯电压的电芯号		
9	剩余能量		
10	电池包总电压		
11	绝缘电阻值		
12	电池包进水口温度		

3. 恢复场地。

作业图例	作业内容	完成情况
	关闭车辆起动开关	□是　□否
	收起并整理防护四件套	□是　□否
	关闭测量平台一体机	□是　□否
	关闭测量平台电源开关	□是　□否
	清洁并整理测量平台	□是　□否
	清洁防护用具并归位	□是　□否
	清洁整理仪器设备与工具	□是　□否
	清洁实训场地	□是　□否
	收起安全警示牌	□是　□否
	收起安全围挡	□是　□否

学习活动 5　质量检查

建议学时：1 学时。

学习要求：能根据纯电动动力电池状态检测的要求，按指导教师和行业规范标准进行作业，在项目工单上填写评价结果。

具体要求：

请指导教师检查本组作业结果，并针对作业过程出现的问题提出改进措施及建议。

序号	评价标准	评价结果
1	动力电池总成认知的准备工作是否充分	
2	读取动力电池系统故障代码及数据流步骤是否规范、正确	
3	从诊断仪读取的参数中识读动力电池的性能参数是否规范、正确	
4	恢复场地是否规范	
综合评价	☆　☆　☆　☆　☆	
综合评语 （作业问题及 改进建议）		

学习活动 6　评价反馈

建议学时：1 学时。

学习要求：能够理解动力电池管理系统监测、SOC 状态分析、能量管理控制和信息管理原理；能正确查阅电路图；能正确利用仪器设备进行动力力电池性能检测；能识读动力电池性能参数。在作业结束后及时记录、反思、评价、存档，总结工作经验，分析不足，提出改进措施，注重自主学习与提升。

具体要求：

1. 请根据自己在课堂中的实际表现进行自我反思和自我评价。

自我反思：_____

_____

_____ 。

自我评价：_____

_____

_____ 。

2. 请教师根据学生在课堂中的实际表现进行评价打分。

项目	内容	评分标准	得分
知识点 （30分）	认知动力电池状态监测的方法及内容（10分）	视完成情况扣分	
	掌握动力电池状态分析内容（10分）	视完成情况扣分	
	熟悉动力电池管理系统的通信管理机制（10分）	视完成情况扣分	
技能点 （45分）	正确连接诊断仪（10分）	视完成情况扣分	
	正确读取数据流（10分）	视完成情况扣分	
	正确识读仪表板上动力电池相关故障灯（5分）	视完成情况扣分	
	正确进行动力电池管理系统数据分析（20分）	视完成情况扣分	
素质点 （25分）	严格执行操作规范（10分）	视不规范情况扣分	
	任务完成的熟练程度（10分）	视完成情况扣分	
	6S管理（5分）	视完成情况扣分	
总分（满分100分）			

动力电池真能永不起火？

在 2020 年动力电池应用国际峰会上，宁德时代董事长曾毓群喊出"永不起火"的口号，孚能、欣旺达也随后跟进。电池"永不起火"，是电池企业在国家强制标准基础上做的延伸。孚能科技认为"永不起火"是指第一个电芯失控，此后 24 小时内未起火，且电芯逐步恢复至常温安全状态，而欣旺达则认为"永不起火"是指电池"只冒烟，不起火"。广汽新能源技术中心副部长刘太刚表示，电池"永不起火"并不是说电池在任何情况下都不会烧起来，而是对电池热失控能起到抑制。

2020 年 5 月，工信部发布《电动汽车安全要求》《电动客车安全要求》《电动汽车用动力蓄电池安全要求》三项强制国家标准。其中，"电池安全要求"明确指出，动力电池在发生热失控后，5 min 内不得发生起火和爆炸。智能电池，是电池安全的另一个发力点，是通过在电池包独立模组上增加电子监控元件，利用 5G、云端技术增强电池监控。通过主被动安全多管齐下，让电池"永不起火"并非痴人说梦。欧阳明高说，"极端情况虽然不可避免，但让热失控时不烧起来，从技术角度是可以做到的。从工程角度、从大规模应用角度，目前（起火）还是会偶尔发生一些，但是会越来越少。"

2020 年，在比亚迪刀片电池带动下，磷酸铁锂市场回暖。据中国汽车动力电池产业创新联盟统计，2020 年 1—11 月，磷酸铁锂累计装机量 28 GW·h，同比增长 49.3%；三元锂累计装机量 40 GW·h，同比增长 35.6%。磷酸铁锂能够在增速上反超三元，安全是重要因素。

问题：当我们说"永不起火"时，是特指三元锂电池，还是所有电池？并结合所学知识谈谈磷酸铁锂电池一定比三元锂电池更安全吗？

学习任务六　直流充电插座温度传感器线路检测

学习目标

1. 了解动力电池管理系统的故障类型；
2. 掌握常见动力电池管理系统故障检测方法；
3. 能正确查阅 BMS 模块与直流充电插座电路图；
4. 能正确运用仪器设备对 BMS 模块与充电传感器之间线路进行检修。

素质目标

1. 严格执行企业检修标准流程；
2. 严格执行企业 6S 管理制度；
3. 培养严谨求实的工匠精神、热爱劳动的好品质。

建议学时

9~12 学时。

工作情境描述

　　小刘是新能源汽车服务站的一名员工，负责新能源汽车检修工作。现有一辆 2018 款吉利帝豪 EV450 电动汽车出现快充口温度传感器故障。小刘接受维修任务后，初步判断 BMS 模块与充电传感器之间线路存在故障，请你根据 BMS 模块与直流充电插座线路图进行检修。

工作流程与活动

学习活动1　接受任务

建议学时：1 学时。

学习要求：了解动力电池管理系统的故障类型；掌握常见动力电池管理系统故障检测方法；能正确查阅 BMS 模块与直流充电插座电路图。

具体要求：

1. 进行作业前准备：

（1）作业前现场环境检查。

（2）防护用具检查。

（3）仪表工具检查。

（4）测量绝缘地垫绝缘电阻。

2. 登记车辆基本信息。

项目	内容		完成情况
品牌			□是　□否
VIN			□是　□否
生产日期			□是　□否
动力电池	型号：	额定容量：	□是　□否
驱动电机	型号：	额定功率：	□是　□否
行驶里程		km	□是　□否

学习活动 2　信息收集

建议学时：1~2 学时。

学习要求：通过查找相关信息，能够了解电动汽车动力电池发展过程，锂离子电池的类型、性能、结构与工作原理，市面上量产车型动力电池组的性能参数以及 EV450 动力电池的性能特点。

具体要求：

1. 画出 EV450 的 BMS 模块与直流充电插座温度传感器的线路简图。

2. EV450 直流充电插座的编号_____，直流快充口正极温度传感器端子号为_____，直流快充口负极温度传感器端子号为_____。

学习活动 3　制订计划

建议学时：1 学时。

学习要求：能与相关人员进行专业有效的沟通，根据新能源汽车动力电池的相关知识，制订相应的任务计划。

具体要求：

1. 根据动力电池认知任务，制订相应的任务计划。

作业流程		
序号	作业项目	操作要点
1	动力电池总成认知的准备工作	
2	用诊断仪读取故障代码	
3	检查 BMS 与直流充电插座温度传感器之间的线路断路故障	
4	检查 BMS 与直流充电插座温度传感器之间的线路对地短路故障	
5	检查 BMS 与直流充电插座温度传感器之间的线路对电源短路故障	
6	恢复场地	
计划审核	审核意见： 年　　月　　日　　签字	

2. 请根据纯电动汽车动力电池的作业计划，完成小组成员任务分工。

主操作人		记录员	
监护人		展示员	
检测设备/工具/材料			
序号	名称	数量	清点
1	纯电动新能源汽车	1辆	□已清点
2	安全帽	1个	□已清点
3	护目镜	1副	□已清点
4	绝缘鞋	1双	□已清点
5	绝缘手套	1双	□已清点
6	诊断仪	1个	□已清点
7	万用表	1个	□已清点
8	放电工装	1套	□已清点
9	绝缘检测仪	1个	□已清点

学习活动4 计划实施

建议学时：4~6学时。

学习要求：能根据制订的工作方案，进行动力电池总成认知的准备工作，以及用诊断仪读取故障代码，检查BMS与直流充电插座温度传感器之间的线路断路故障，检查BMS与直流充电插座温度传感器之间的线路对地短路故障，检查BMS与直流充电插座温度传感器之间的线路对电源短路故障、恢复场地等工作。

具体要求：

1. 用诊断仪读取故障代码。

作业图例	作业内容	完成情况
	关闭点火开关	□是　□否
	将 OBD II 测量线连接至 VCI 设备	□是　□否
	连接车辆 OBD 诊断座，VCI 设备电源指示灯亮起	□是　□否
	打开点火开关	□是　□否

作业图例	作业内容	完成情况	
	选择相应车型并读取故障代码	故障代码	含义
	读取与故障相关数据流	数据流名称	数据值

2. 检查 BMS 与直流充电插座温度传感器之间的线路断路故障。

作业图例	作业内容	完成情况
	把起动开关打至 OFF 挡断开蓄电池负极	□是　□否
	断开 BMS 线束连接器 CA69，CA70	□是　□否
	断开充电传感器线路连接器 SO83	□是　□否

作业图例	作业内容	完成情况		
	使用万用表测量 BMS 直流快充口正极温度传感器线路的电阻值	测量位置		测量值
		CA69/9	SO83/8	____ Ω
		CA69/10	SO83/9	____ Ω
		□正常 □异常		
	使用万用表测量 BMS 直流快充口负极温度传感器线路的电阻值	测量位置		测量值
		CA70/11	SO83/12	____ Ω
		CA70/12	SO83/11	____ Ω
		□正常 □异常		

检测分析：

3. 检查 BMS 与直流充电插座温度传感器之间的线路对地短路故障。

作业图例	作业内容	完成情况
	把起动开关打至 OFF 挡，拆下蓄电池负极	□是　□否
	断开 BMS 线束连接器 CA69，CA70	□是　□否
	断开充电传感器线路连接器 SO83	□是　□否

作业图例	作业内容	完成情况		
	使用万用表测量BMS 直流快充口正极温度线路对地之间的电阻值	测量位置		测量值
		SO83/8	接地	____ Ω
		SO83/9	接地	____ Ω
		□正常　□异常		
	使用万用表测量BMS 直流快充口负极温度线路对地之间的电阻值	测量位置		测量值
		SO83/12	接地	____ Ω
		SO83/11	接地	____ Ω
		□正常　□异常		

检测分析：

4. 检查 BMS 与直流充电插座温度传感器之间的线路对电源短路故障。

作业图例	作业内容	完成情况
	把起动开关打至 OFF 挡	□是　□否
	断开 BMS 线束连接器 CA69，CA70	□是　□否
	断开充电传感器线路连接器 SO83	□是　□否

作业图例	作业内容	完成情况		
	使用万用表测量 BMS 直流快充口正极温度线路对地之间的电阻值	测量位置		测量值
		SO83/8	接地	___ Ω
		SO83/9	接地	___ Ω
		□正常　□异常		
	使用万用表测量 BMS 直流快充口负极温度线路对地之间的电阻值	测量位置		测量值
		SO83/12	接地	___ Ω
		SO83/11	接地	___ Ω
		□正常　□异常		

检测分析：

5. 恢复场地。

作业图例	作业内容	完成情况
	关闭车辆起动开关	□是　□否
	收起并整理防护四件套	□是　□否
	关闭测量平台一体机	□是　□否
	关闭测量平台电源开关	□是　□否
	清洁并整理测量平台	□是　□否
	清洁防护用具并归位	□是　□否
	清洁整理仪器设备与工具	□是　□否
	清洁实训场地	□是　□否
	收起安全警示牌	□是　□否
	收起安全围挡	□是　□否

学习活动 5　质量检查

建议学时：1 学时。

学习要求：能根据直流充电插座温度传感器线路检测的要求，按指导教师和行业规范标准进行作业，在项目工单上填写评价结果。

具体要求：

请指导教师检查本组作业结果，并针对作业过程出现的问题提出改进措施及建议。

序号	评价标准	评价结果
1	动力电池总成认知的准备工作是否充分	
2	用诊断仪读取故障代码是否规范、正确	

序号	评价标准	评价结果
3	检查 BMS 与直流充电插座温度传感器之间的线路断路故障是否规范、正确	
4	检查 BMS 与直流充电插座温度传感器之间的线路对地短路故障是否规范、正确	
5	检查 BMS 与直流充电插座温度传感器之间的线路对电源短路故障是否规范、正确	
6	恢复场地是否规范、正确	
综合评价	☆ ☆ ☆ ☆ ☆	
综合评语 （作业问题及 改进建议）		

学习活动6 评价反馈

建议学时：1学时。

学习要求：能够了解动力电池管理系统的故障类型；掌握常见动力电池管理系统故障检测方法；能正确查阅 BMS 模块与直流充电插座电路图。在作业结束后及时记录、反思、评价、存档，总结工作经验，分析不足，提出改进措施，注重自主学习与提升。

具体要求：

1 请根据自己在课堂中的实际表现进行自我反思和自我评价。

自我反思：_____

_____

_____ 。

自我评价：_____

_____

_____ 。

2. 请教师根据学生在课堂中的实际表现进行评价打分。

项目	内容	评分标准	得分
知识点（30分）	了解动力电池管理系统的故障类型（10分）	视操作情况扣分	
	掌握常见动力电池管理系统故障检测方法（10分）	正确表述交流慢充连接确认过程，不熟悉视情扣分	
	熟悉直流快充传感器线束端口的含义（10分）	端子错误每项扣3分	
技能点（45分）	正确连接诊断仪并读取相关数据（10分）	视完成情况扣分	
	正确检查BMS与充电传感器之间的线路短路（10分）	视完成情况扣分	
	正确检查BMS电源电压（5分）	视完成情况扣分	
	正确检查BMS与充电传感器之间的线路对地短路（10分）	视完成情况扣分	
	正确检查BMS与充电传感器之间的线路对电源短路（10分）	视完成情况扣分	
素质点（25分）	严格执行操作规范（10分）	视不规范情况扣分	
	任务完成的熟练程度（10分）	视完成情况扣分	
	6S管理（5分）	视完成情况扣分	
总分（满分100分）			

思政园地

2021年5月12日，中石化集团举办的"交通能源转型产业研讨会"上，上汽集团副总工程师朱军表示，今年年底或明年年初，上汽将开始推出下一代平台化动力电池，该电池将支持智己、R汽车、荣威、MG、大通Maxus，以及商用车，并包括上汽通用的一部分车型。

所谓平台化，朱军解释："是做一款电池包，低端车能用，高端车也能用；10 万元的车能用，20 万、30 万甚至 40 万元的车，最好都能用。"这一电池包长宽统一，包含 3 个厚度系、4 个电化学体系，总共 12 个规格，兼容三元、磷酸铁锂、高镍，以及更高能量的掺硅补锂电池，还可以支持固态电池技术。电量覆盖 50~120 度电。支持 ChaoJi 充电，兼容快速换电，还有零热失控设计。

问题：你认为上汽集团推出统一规格的电池包对今后新能源汽车有什么影响？

学习任务七　动力电池管理系统电源故障检修

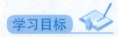

学习目标

1. 掌握 BMS 的组成与工作原理、BMS 控制器电源线路；
2. 能正确查阅电路图；
3. 能正确利用仪器设备对 BMS 电源线路进行检修。

素质目标

1. 严格执行企业检修标准流程；
2. 严格执行企业 6S 管理制度；
3. 培养严谨求实的工匠精神、热爱劳动的好品质。

建议学时

9~12 学时。

工作情境描述

小刘是新能源汽车服务站的一名员工，负责新能源汽车检修工作。现有一辆 2018 款吉利帝豪 EV450 电动汽车仪表故障灯点亮，显示"电量不足，请及时充电"，车辆无法上电、无法充电。现需要对故障进行诊断与排除。

工作流程与活动

学习活动 1　接受任务

建议学时：1 学时。

学习要求：掌握 BMS 的组成与工作原理、BMS 控制器电源线路；能正确查阅电路图；能正确利用仪器设备对 BMS 电源线路进行检修。

具体要求：

1. 进行作业前准备

（1）作业前现场环境检查。

（2）防护用具检查。

（3）仪表工具检查。

（4）测量绝缘地垫绝缘电阻。

2. 登记车辆基本信息。

项目	内容		完成情况
品牌			□是　□否
VIN			□是　□否
生产日期			□是　□否
动力电池	型号：	额定容量：	□是　□否
驱动电机	型号：	额定功率：	□是　□否
行驶里程	km		□是　□否

学习活动 2　信息收集

建议学时：1~2 学时。

学习要求：通过查找相关信息，掌握 BMS 的组成与工作原理、BMS 控制器电源线路；能正确查阅电路图；能正确利用仪器设备对 BMS 电源线路进行检修。

具体要求：

1. 查阅吉利 EV450 电路图，BMS 控制器电路图所在页码为_____。

2. 画出 EV450 BMS 控制器电源线路简图。

线路简图

3. BMS 控制器常电线路颜色为_____，IG 电线路颜色为_____。

4. BMS 控制器 IG 电的保险编号为_____，额定电流为_____ A。

5. 简述 BMS 电源故障主要故障代码及含义。

故障代码	含义
U3006-16	
U3006-17	
U3006-29	

学习活动 3　制订计划

建议学时：1 学时。

学习要求：能与相关人员进行专业有效的沟通，根据动力电池管理系统 BMS 电源故障检修的相关知识，制订相应的任务计划。

具体要求：

1. 根据动力电池管理系统 BMS 电源故障检修任务，制订相应的任务计划。

作业流程		
序号	作业项目	操作要点
1	基本检查	
2	故障现象确认	
3	读取故障代码、数据流	
4	故障范围分析	
5	检查 BMS 供电电源保险丝 EF01 和 IF18 是否熔断	
6	检查保险丝 EF01 和 IF18 线路是否有对地短路现象	
7	检查 BMS 控制器线束连接器侧电源电压	
8	检查 BMS 控制器线束连接器接地端子导通性	

序号	作业项目	操作要点
9	故障恢复并验证	
10	整理恢复场地	
计划审核	审核意见： 年　　月　　日　　签字	

2. 请根据动力电池管理系统 BMS 电源故障检修的作业计划，完成小组成员任务分工。

主操作人		记录员	
监护人		展示员	
检测设备/工具/材料			
序号	名称	数量	清点
1	纯电动新能源汽车	1 辆	□已清点
2	安全帽	1 个	□已清点
3	护目镜	1 副	□已清点
4	绝缘鞋	1 双	□已清点
5	绝缘手套	1 双	□已清点
6	诊断仪	1 个	□已清点
7	万用表	1 个	□已清点
8	放电工装	1 套	□已清点
9	绝缘检测仪	1 个	□已清点

建议学时：4~6 学时。

学习要求：根据制订的工作方案，能够进行基本检查，故障现象确认，读取故障代码、数据流，故障范围分析，检查 BMS 供电电源保险丝 EF01 和 IF18 是否熔断、是否有对地短路现象，检查 BMS 控制器线束连接器侧电源电压及接地端子导通性、故障恢复并验证等工作。

具体要求：

1. 基本检查。

作业图例	作业内容	完成情况		
		测量值	测量值	判断
	蓄电池电压	＿＿V	＿＿V	□正常 □异常
	高压部件及其连接器情况	□正常　　□异常		

作业图例	作业内容	完成情况
	低压部件及其连接器情况	□正常　□异常

2. 故障现象确认。

作业图例	作业内容	完成情况	
	踩下制动踏板，打开点火开关	□是　□否	
	观察仪表现象	显示	判断
			□正常　□异常
			□正常　□异常
			□正常　□异常
			□正常　□异常
			□正常　□异常
	整车能否上电	□能　□不能	

作业图例	作业内容	完成情况
	交流慢充能否充电	□能　□不能

3. 读取故障代码、数据流。

作业图例	作业内容	完成情况
	关闭点火开关	□是　□否
	将 OBD Ⅱ 测量线连接至 VCI 设备	□能　□不能
	连接车辆 OBD 诊断座，VCI 设备电源指示灯亮起	□能　□不能

作业图例	作业内容	完成情况	
	打开点火开关	□是　□否	
	选择相应车型并读取故障代码	故障代码	含义
	读取与故障相关数据流	故障代码	含义

4. 故障范围分析。

思维导图

5. 检查 BMS 供电电源保险丝 EF01 和 IF18 是否熔断。

作业图例	作业内容	完成情况
	把起动开关打至 OFF 挡，拆下蓄电池负极	□是　□否
	拔下保险丝 EF01	□是　□否

作业图例	作业内容	完成情况		
	拔下保险丝 IF18	□是　□否		

作业图例	作业内容	完成情况		
	测量保险丝电阻值，判断保险丝是否损坏	测量位置	测量值	标准值
		EF01	＿＿Ω	＿＿Ω
		IF18	＿＿Ω	＿＿Ω
		□是　□否		

检测分析：

6. 检查保险丝 EF01 和 IF18 线路是否有对地短路现象。

作业图例	作业内容	完成情况		
	把起动开关打至 OFF 挡,拆下蓄电池负极	□是　□否		
	测量保险丝插座端子与搭铁之间的电阻,判断保险丝线路对地是否存在短路故障	测量位置	测量值	标准值
		EF01	＿＿ Ω	＿＿ Ω
		IF18	＿＿ Ω	＿＿ Ω
		□是　□否		
检测分析:				

7. 检查 BMS 控制器线束连接器侧电源电压。

作业图例	作业内容	完成情况		
	断开 BMS 控制器线束连接器 CA69	□是　□否		
	连接蓄电池负极	□是　□否		
	常电测量：测量线束连接器 CA69/（　　）与接地电压	测量值	标准值	判断
		＿＿V	＿＿V	□正常 □异常

作业图例	作业内容	完成情况		
	将起动开关打至ON挡	□是　□否		
		测量值	标准值	判断
	IG 电源测量：测量线束连接器CA69/（　　）与接地电压	＿＿V	＿＿V	□正常 □异常

8. 检查 BMS 控制器线束连接器接地端子导通性。

作业图例	作业内容	完成情况
	把起动开关打至OFF挡，拆下蓄电池负极	□是　□否

作业图例	作业内容	完成情况		
	断开 BMS 控制器线束连接器 CA69	□是　□否		
	测量线束连接器 CA69/（　　）与搭铁电阻	测量值 ＿＿＿Ω	标准值 ＿＿＿Ω	判断 □正常 □异常

9. 故障恢复并验证。

作业图例	作业内容	完成情况
	连接蓄电池负极	□是　□否

作业图例	作业内容	完成情况
	踩下制动踏板，打开起动开关	□是　□否
	观察仪表显示是否正常	□是　□否
	整车能否上电	□是　□否
	交流慢充能否充电	□是　□否

作业图例	作业内容	完成情况
吉利>EV450>电源管理系统(BMS)>电源管理系统 17:55:24 屏幕 读版本信息 读取故障码 清除故障码 读取数据流 无故障码!	连接故障诊断仪，读取并清除故障代码	□是　□否

验证分析：

10. 整理恢复场地。

作业图例	作业内容	完成情况
	关闭车辆起动开关	□是　□否
	收起并整理防护四件套	□是　□否
	关闭测量平台一体机	□是　□否
	关闭测量平台电源开关	□是　□否
	清洁并整理测量平台	□是　□否
	清洁防护用具并归位	□是　□否
	清洁整理仪器设备与工具	□是　□否
	清洁实训场地	□是　□否
	收起安全警示牌	□是　□否
	收起安全围挡	□是　□否

建议学时：1 学时。

学习要求：能根据动力电池管理系统 BMS 电源故障检修要求，按指导教师和行业规范标准进行作业，在项目工单上填写评价结果。

具体要求：

请指导教师检查本组作业结果，并针对作业过程出现的问题提出改进措施及建议。

序号	评价标准	评价结果
1	基本检查是否规范	
2	故障现象确认是否正确	
3	读取故障代码、数据流是否规范	
4	故障范围分析是否正确	
5	检查 BMS 供电电源保险丝 EF01 和 IF18 是否熔断，作业是否规范	
6	检查保险丝 EF01 和 IF18 线路是否有对地短路现象，作业是否规范	
7	检查 BMS 控制器线束连接器侧电源电压作业是否规范	
8	检查 BMS 控制器线束连接器接地端子导通性作业是否规范	
9	故障恢复并验证是否规范	
10	恢复场地是否规范	
综合评价	☆　☆　☆　☆　☆	
综合评语 （作业问题及 改进建议）		

学习活动6 评价反馈

建议学时：1学时。

学习要求：掌握 BMS 的组成与工作原理、BMS 控制器电源线路；能正确查阅电路图；能正确利用仪器设备对 BMS 电源线路进行检修。在作业结束后及时记录、反思、评价、存档，总结工作经验，分析不足，提出改进措施，注重自主学习与提升。

具体要求：

1. 请根据自己在课堂中的实际表现进行自我反思和自我评价。

自我反思：_____

_____

_____。

自我评价：_____

_____

_____。

2. 请教师根据学生在课堂中的实际表现进行评价打分。

项目	内容	评分标准	得分
知识点（30分）	认知 BMS 类型、组件、安装位置（10分）	视操作情况扣分	
	掌握 BMS 的工作原理（10分）	正确表述 BMS 上下电控制策略，不熟悉视情扣分	
	熟悉 BMS 控制电路及各端子含义（10分）	端子错误每项扣3分	
技能点（45分）	正确进行基本检查和故障现象确认（10分）	视完成情况扣分	
	正确读取故障代码和数据流并进行故障范围分析（10分）	视完成情况扣分	
	正确制订计划并进行故障诊断与排除（25分）	测量点每错误一项扣5分	

项目	内容	评分标准	得分
素质点 （25分）	严格执行操作规范（10分）	视不规范情况扣分	
	任务完成的熟练程度（10分）	视完成情况扣分	
	6S管理（5分）	视完成情况扣分	
总分（满分100分）			

思政园地

据统计，2020年，浙江全省新能源汽车产量达7.7万辆，占全省汽车产量的6.1%、全国新能源汽车产量的5.3%；全省共有12家新能源汽车整车生产企业，已批复产能65.4万辆。近日，浙江省发改委制订并印发《浙江省新能源汽车产业发展"十四五"规划》。到2025年，浙江省新能源汽车产量将力争达到60万辆，规上工业产值力争达到1 500亿元，并实现氢燃料电池汽车的整车产业化。

问题：通过学习《浙江省新能源汽车产业发展"十四五"规划》，谈谈"规划"设想蓝图包括哪些内容。

学习任务八　动力电池管理系统通信故障检修

 学习目标

1. 掌握 BMS 组成与工作原理、BMS 通信拓扑结构及线路；
2. 能正确查阅电路图；
3. 能正确利用仪器设备对 BMS 通信故障进行检修。

 素质目标

1. 严格执行企业检修标准流程；
2. 严格执行企业 6S 管理制度；
3. 培养严谨求实的工匠精神、热爱劳动的好品质。

 建议学时

9~12 学时。

 工作情境描述

　　小刘是新能源汽车服务站的一名员工，负责新能源汽车检修工作，现有一辆 2018 款吉利帝豪 EV450 电动汽车仪表故障灯点亮，显示"电量不足，请及时充电"，车辆无法上电、无法充电。主管安排小刘对该车故障进行诊断与排除。

 工作流程与活动

学习活动 1　接受任务

　　建议学时：1 学时。

学习要求：掌握 BMS 的组成与工作原理、BMS 通信拓扑结构及线路；能正确查阅电路图；能正确利用仪器设备对 BMS 通信故障进行检修。

具体要求：

1. 进行作业前准备。

（1）作业前现场环境检查。

（2）防护用具检查。

（3）仪表工具检查。

（4）测量绝缘地垫绝缘电阻。

2. 登记车辆基本信息。

项目	内容		完成情况
品牌			□是　□否
VIN			□是　□否
生产日期			□是　□否
动力电池	型号：	额定容量：	□是　□否
驱动电机	型号：	额定功率：	□是　□否
行驶里程		km	□是　□否

学习活动 2　信息收集

建议学时：1~2 学时。

学习要求：通过查找相关信息，掌握 BMS 组成与工作原理、BMS 通信拓扑结构及线路；能正确查阅电路图；能正确利用仪器设备对 BMS 通信故障进行检修。

具体要求：

1. 查阅吉利 EV450 电路图，BMS 控制器通信线路图所在页码为_____，总线通信系统（PT-CAN）电路图所在页码为_____。

2. 画出 EV450 BMS 控制器总线通信线路简图。

3. BMS 控制器通过 P−CAN 连接至_____，BMS 连接器的 P−CAN（H）端子为_____（颜色_____），P−CAN（L）端子为_____（颜色_____）。

4. BMS 控制器供电保险分别有_____、_____，额定电流_____A。

5. 查阅维修手册，列举 BMS 通信故障主要故障代码及含义。

故障代码	含义
U111487	
U111587	
U011087	
U3472−87	
U0064−88	

学习活动 3　　制订计划

建议学时：1 学时。

学习要求：能与相关人员进行专业有效的沟通，根据动力电池管理系统 BMS 通信故障检修的相关知识，制订相应的任务计划。

具体要求：

1. 根据动力电池管理系统 BMS 通信故障检修任务，制订相应的任务计划。

作业流程		
序号	作业项目	操作要点
1	基本检查	
2	故障现象确认	
3	读取故障代码、数据流	
4	故障范围分析	
5	检查 BMS 供电电源保险丝 EF01 和 IF18 是否熔断	
6	检查保险丝 EF01 和 IF18 线路是否有对地短路现象	

序号	作业项目	操作要点
7	检查 BMS 控制器线束连接器侧电源电压	
8	检查 BMS 控制器线束连接器接地端子的导通性	
9	检查 BMS 与 VCU 之间 CAN 总线的导通性	
10	测量 BMS CAN 总线通信信号波形	
11	故障恢复并验证	
12	整理恢复场地	
计划审核	审核意见： 年　　月　　日　　签字	

2. 请根据动力电池管理系统 BMS 通信故障检修的作业计划，完成小组成员任务分工。

主操作人		记录员	
监护人		展示员	
检测设备/工具/材料			

序号	名称	数量	清点
1	纯电动新能源汽车	1 辆	□已清点
2	安全帽	1 个	□已清点
3	护目镜	1 副	□已清点
4	绝缘鞋	1 双	□已清点
5	绝缘手套	1 双	□已清点
6	诊断仪	1 个	□已清点

续表

序号	名称	数量	清点
7	万用表	1个	□已清点
8	放电工装	1套	□已清点
9	绝缘检测仪	1个	□已清点

学习活动4　计划实施

建议学时：4~6学时。

学习要求：能根据制订的工作方案，进行基本检查，故障现象确认，读取故障代码、数据流，故障范围分析，检查 BMS 供电电源保险丝 EF01 和 IF18 是否熔断，检查保险丝 EF01 和 IF18 线路是否有对地短路现象，检查 BMS 控制器线束连接器侧电源电压，检查 BMS 控制器线束连接器接地端子的导通性，检查 BMS 与 VCU 之间 CAN 总线的导通性，测量 BMS CAN 总线通信信号波形，故障恢复并验证、恢复场地等工作。

具体要求：

1. 基本检查。

作业图例	作业内容	完成情况		
		测量值	测量值	判断
	蓄电池电压	___V	___V	□正常 □异常

作业图例	作业内容	完成情况
	高压部件及其连接器情况	□正常　□异常
	低压部件及其连接器情况	□正常　□异常

2. 故障现象确认。

作业图例	作业内容	完成情况	
	踩下制动踏板,打开点火开关	□是　□否	
	观察仪表现象	显示	判断
			□正常　□异常
			□正常　□异常
			□正常　□异常
			□正常　□异常
			□正常　□异常

作业图例	作业内容	完成情况
	整车能否上电	□能　□不能
	交流慢充能否充电	□能　□不能

3. 读取故障代码、数据流。

作业图例	作业内容	完成情况
	关闭点火开关	□是　□否

作业图例	作业内容	完成情况	
	将 OBD Ⅱ 测量线连接至 VCI 设备	□能　□不能	
	连接车辆 OBD 诊断座，VCI 设备电源指示灯亮起	□能　□不能	
	打开点火开关	□是　□否	
	选择相应车型并读取故障代码	故障代码	含义

作业图例	作业内容	完成情况	
		故障代码	含义
	读取与故障相关数据流		

4. 故障范围分析。

思维导图

5. 检查 BMS 供电电源保险丝 EF01 和 IF18 是否熔断。

作业图例	作业内容	完成情况
	把起动开关打至 OFF 挡，拆下蓄电池负极	□是　□否
	拔下保险丝 EF01	□是　□否
	拔下保险丝 IF18	□是　□否

作业图例	作业内容	完成情况

<table>
<tr><td rowspan="3"></td><td rowspan="3">测量保险丝电阻值,判断保险丝是否损坏</td><td colspan="3">□正常　□异常</td></tr>
<tr><td>测量位置</td><td>测量值</td><td>标准值</td></tr>
<tr><td>EF01</td><td>＿＿＿ Ω</td><td>＿＿＿ Ω</td></tr>
<tr><td></td><td></td><td>IF18</td><td>＿＿＿ Ω</td><td>＿＿＿ Ω</td></tr>
</table>

检测分析:

6. 检查保险丝 EF01 和 IF18 线路是否有对地短路现象。

作业图例	作业内容	完成情况
	把起动开关打至 OFF 挡,拆下蓄电池负极	□是　□否

作业图例	作业内容	完成情况		

		测量位置	测量值	标准值
正常阻值为∞	测量保险丝插座端子与搭铁之间的电阻，判断保险丝线路对地是否存在短路故障	EF01	____ Ω	____ Ω
		IF18	____ Ω	____ Ω
		□正常 □异常		

检测分析：

7. 检查 BMS 控制器线束连接器侧电源电压。

作业图例	作业内容	完成情况
	断开 BMS 控制器线束连接器 CA69	□是　□否

作业图例	作业内容	完成情况		
	连接蓄电池负极	□是　□否		
	常电测量：测量线束连接器 CA69/（　　）与接地电压	测量值	标准值	判断
		____V	____V	□正常 □异常
	将起动开关打至 ON 挡	□是　□否		

作业图例	作业内容	完成情况		
	IG 电源测量：测量线束连接器 CA69/（ ）与接地电压	测量值	标准值	判断
		___V	___V	□正常 □异常

8. 检查 BMS 控制器线束连接器接地端子的导通性。

作业图例	作业内容	完成情况		
	把起动开关打至 OFF 挡，拆下蓄电池负极	□是 □否		
	测量线束连接器 CA69/（ ）与搭铁电阻	测量值	标准值	判断
		___Ω	___Ω	□正常 □异常

9. 检查 BMS 与 VCU 之间 CAN 总线的导通性。

作业图例	作业内容	完成情况		
 CA66 CA67	断开 VCU 控制器线束连接器 CA66	□是　□否		
	测量线束连接器 CA69/3 与 CA66/（　　）的电阻	测量值	标准值	判断
		＿＿Ω	＿＿Ω	□正常 □异常
	测量线束连接器 CA69/4 与 CA66/（　　）的电阻	测量值	标准值	判断
		＿＿Ω	＿＿Ω	□正常 □异常

作业图例	作业内容	完成情况
检测分析：		

10. 测量 BMS CAN 总线通信信号波形。

作业图例	作业内容	完成情况
	连接线束连接器 CA69	□是　□否
	连接线束连接器 CA66	□是　□否

作业图例	作业内容	完成情况
	连接蓄电池负极	□是　□否
	将起动开关打至 ON 挡	□是　□否

波形测量（测量对象）：测量线束连接器 CA69/3 与搭铁的信号波形

实测波形		标准波形	

作业图例	作业内容	完成情况
波形测量（测量对象）：测量线束连接器 CA69/4 与搭铁的信号波形		

实测波形						标准波形					

检测分析：

11. 故障恢复并验证。

作业图例	作业内容	完成情况
	连接蓄电池负极	□是　　□否

作业图例	作业内容	完成情况
	踩下制动踏板，打开起动开关	□是　□否
	观察仪表显示是否正常	□是　□否
	整车能否上电	□能　□不能
	交流慢充能否充电	□能　□不能

作业图例	作业内容	完成情况
	连接故障诊断仪，读取并清除故障代码	□是　□否

验证分析：

12. 整理恢复场地。

作业图例	作业内容	完成情况
	关闭车辆起动开关	□是　□否
	收起并整理防护四件套	□是　□否
	关闭测量平台一体机	□是　□否
	关闭测量平台电源开关	□是　□否
	清洁并整理测量平台	□是　□否
	清洁防护用具并归位	□是　□否
	清洁整理仪器设备与工具	□是　□否
	清洁实训场地	□是　□否
	收起安全警示牌	□是　□否
	收起安全围挡	□是　□否

学习活动 5 质量检查

建议学时：1 学时。

学习要求：能根据纯电动动力电池的认知要求，按指导教师和行业规范标准进行作业，在项目工单上填写评价结果。

具体要求：

请指导教师检查本组作业结果，并针对作业过程出现的问题提出改进措施及建议。

序号	评价标准	评价结果
1	基本检查是否规范	
2	故障现象确认是否正确	
3	读取故障代码、数据流是否规范	
4	故障范围分析是否正确	
5	检查 BMS 供电电源保险丝 EF01 和 IF18 是否熔断，作业是否规范	
6	检查保险丝 EF01 和 IF18 线路是否有对地短路现象，作业是否规范	
7	检查 BMS 控制器线束连接器侧电源电压作业是否规范	
8	检查 BMS 控制器线束连接器接地端子的导通性作业是否规范	
9	检查 BMS 与 VCU 之间 CAN 总线的导通性作业是否规范	
10	测量 BMS CAN 总线通信信号波形作业是否规范	
11	故障恢复并验证是否规范	
12	恢复场地是否规范	
综合评价	☆ ☆ ☆ ☆ ☆	
综合评语 （作业问题及 改进建议）		

学习活动6 评价反馈

建议学时：1学时。

学习要求：能说出动力电池的发展简史；能说出锂离子动力电池的类型、性能、结构和工作原理；能说出三种动力电池的性能，并说明应用特点；能应用动力电池的参数及性能指标判定纯电动汽车动力电池的种类及性能特点。在作业结束后及时记录、反思、评价、存档，总结工作经验，分析不足，提出改进措施，注重自主学习与提升。

具体要求：

1. 请根据自己在课堂中的实际表现进行自我反思和自我评价。

自我反思：＿＿＿＿＿＿＿＿＿＿＿＿＿＿＿＿＿＿＿＿＿＿＿＿＿＿＿＿＿＿

＿＿＿＿＿＿＿＿＿＿＿＿＿＿＿＿＿＿＿＿＿＿＿＿＿＿＿＿＿＿＿＿＿＿＿＿＿

＿＿＿＿＿＿＿＿＿＿＿＿＿＿＿＿＿＿＿＿＿＿＿＿＿＿＿＿＿＿＿＿＿＿＿＿。

自我评价：＿＿＿＿＿＿＿＿＿＿＿＿＿＿＿＿＿＿＿＿＿＿＿＿＿＿＿＿＿＿

＿＿＿＿＿＿＿＿＿＿＿＿＿＿＿＿＿＿＿＿＿＿＿＿＿＿＿＿＿＿＿＿＿＿＿＿＿

＿＿＿＿＿＿＿＿＿＿＿＿＿＿＿＿＿＿＿＿＿＿＿＿＿＿＿＿＿＿＿＿＿＿＿＿。

2. 请教师根据学生在课堂中的实际表现进行评价打分。

项目	内容	评分标准	得分
知识点（30分）	认知动力电池和锂离子电池的种类（10分）	正确表述种类和名称	
	了解动力电池箱的结构（10分）	正确描述动力电池箱的结构	
	熟悉各种动力电池的标称电压和EV450动力电池总成性能参数（10分）	正确表述动力电池的标称电压和EV450动力电池总成的性能参数，错一项扣2分	
技能点（45分）	正确完成准备工作（5分）	视完成情况扣分	
	正确搜集车辆信息（5分）	视完成情况扣分	
	正确找到动力电池的位置（5分）	视完成情况扣分	
	正确检查动力电池箱的外观（10分）	视完成情况扣分	

项目	内容	评分标准	得分
技能点 （45 分）	检查动力电池螺栓的紧固状态 （5 分）	视完成情况扣分	
	正确检查动力电池外部高低压插接件 （15 分）	视完成情况扣分	
素质点 （25 分）	严格执行操作规范（10 分）	视不规范情况扣分	
	任务完成的熟练程度（10 分）	视完成情况扣分	
	6S 管理（5 分）	视完成情况扣分	
总分（满分 100 分）			

思政园地

目前主流国产纯电动汽车的 BMS 配套企业：

我国 BMS 企业大体分为几种类型：电池厂自营、整车厂自营、第三方经营。BMS 系统的成本约占电池组总成本的 20%。

电池厂自营类的，目前国内第一梯队动力电池企业有：宁德时代、中信国安盟固利、国轩高科、微宏动力等，它们掌握整套核心技术优势，有很强的市场竞争力。

整车厂自营的，以比亚迪、北汽新能源、中通客车为代表，除了掌握核心技术，在成本方面也比其他企业有优势。

第三方提供的代表企业有东莞钜威动力、惠州市亿能电子、深圳科列技术等企业。

问题：新能源汽车为什么需要 BMS？BMS 有什么功能？

学习任务九　动力电池管理系统碰撞信号故障检修

学习目标

1. 掌握 BMS 组成与工作原理、BMS 碰撞信号作用与工作过程；
2. 能正确查阅电路图；
3. 能正确利用仪器设备对 BMS 碰撞信号故障进行检修。

素质目标

1. 严格执行企业检修标准流程；
2. 严格执行企业 6S 管理制度；
3. 培养严谨求实的工匠精神、热爱劳动的好品质。

建议学时

9~12 学时。

工作情境描述

　　小刘是新能源汽车服务站的一名员工，负责新能源汽车检修工作，现有一辆 2018 款吉利帝豪 EV450 电动汽车踩下制动踏板，把点火开关打至 ON 挡，仪表中"安全气囊故障指示灯""故障提醒警告灯"亮起。同时"READY"指示灯亮起，车辆上电正常。踩下制动踏板，操纵换挡杆，车辆能进入 D 挡，松开制动踏板，车辆能正常行驶。需要对该车故障进行诊断与排除。

工作流程与活动

学习活动 1　　接受任务

建议学时：1 学时。

学习要求：掌握 BMS 组成与工作原理、BMS 碰撞信号作用与工作过程；能正确查阅电路图；能正确利用仪器设备对 BMS 碰撞信号故障进行检修。

具体要求：

1. 进行作业前准备。

（1）作业前现场环境检查。

（2）防护用具检查。

（3）仪表工具检查。

（4）测量绝缘地垫绝缘电阻。

2. 登记车辆基本信息。

项目	内容		完成情况
品牌			□是　□否
VIN			□是　□否
生产日期			□是　□否
动力电池	型号：	额定容量：	□是　□否
驱动电机	型号：	额定功率：	□是　□否
行驶里程	km		□是　□否

学习活动2　信息收集

建议学时：1~2 学时。

学习要求：通过查找相关信息，能够掌握 BMS 组成与工作原理、BMS 碰撞信号作用与工作过程；能正确查阅电路图；能正确利用仪器设备对 BMS 碰撞信号故障进行检修。

具体要求：

1. 根据吉利 EV450 碰撞信号工作原理，在框中填出相关部件的名称。

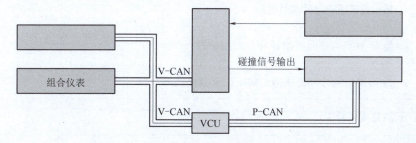

2. 查阅吉利 EV450 电路图，BMS 碰撞信号线路图所在页码为_____，BMS 监测碰撞

信号的端子为＿＿＿＿＿＿，端子线束颜色为＿＿＿＿＿＿。

3. 画出 BMS 碰撞信号线路简图。

学习活动 3　制订计划

建议学时：1 学时。

学习要求：能与相关人员进行专业有效的沟通，根据动力电池总成漏电检测的相关知识，制订相应的任务计划。

具体要求：

1. 根据动力电池总成漏电检测任务，制订相应的任务计划。

作业流程		
序号	作业项目	操作要点
1	基本检查	
2	故障现象确认	
3	读取故障代码、数据流	
4	故障范围分析	
5	用示波器检查碰撞信号波形	
6	检查 ACU 与中间连接器 IP02a 之间线路故障	
7	检查 BMS 与中间连接器 CA01a 之间线路故障	
8	故障恢复验证	

续表

序号	作业项目	操作要点
9	整理恢复场地	
计划审核	审核意见： 年　　月　　日　签字	

2. 请根据动力电池总成漏电检测的作业计划，完成小组成员任务分工。

主操作人		记录员	
监护人		展示员	
检测设备/工具/材料			

序号	名称	数量	清点
1	纯电动新能源汽车	1 辆	□已清点
2	安全帽	1 个	□已清点
3	护目镜	1 副	□已清点
4	绝缘鞋	1 双	□已清点
5	绝缘手套	1 双	□已清点
6	诊断仪	1 个	□已清点
7	万用表	1 个	□已清点
8	放电工装	1 套	□已清点
9	绝缘检测仪	1 个	□已清点

建议学时：4~6学时。

学习要求：能根据制订的工作方案，进行基本检查，故障现象确认，读取故障代码、数据流，故障范围分析，用示波器检查碰撞信号波形，检查 ACU 与中间连接器 IP02a 之间线路故障，检查 BMS 与中间连接器 CA01a 之间线路故障，故障恢复验证、恢复场地等工作。

具体要求：

1. 基本检查。

作业图例	作业内容	完成情况		
		测量值	测量值	判断
	蓄电池电压	＿＿V	＿＿V	□正常 □异常
	高压部件及其连接器情况	□正常　　□异常		
	低压部件及其连接器情况	□正常　　□异常		

2. 故障现象确认。

作业图例	作业内容	完成情况	
	踩下制动踏板，打开点火开关	□是　□否	
	观察仪表现象	显示	判断
			□正常　□异常
			□正常　□异常
			□正常　□异常
			□正常　□异常
			□正常　□异常
	整车能否上电	□能　□不能	
	交流慢充能否充电	□能　□不能	

3. 读取故障代码、数据流。

作业图例	作业内容	完成情况
	关闭点火开关	□是　□否
	将 OBD Ⅱ 测量线连接至 VCI 设备	□是　□否
	连接车辆 OBD 诊断座，VCI 设备电源指示灯亮起	□是　□否
	打开点火开关	□是　□否

作业图例	作业内容	完成情况	
	选择相应车型并读取故障代码	故障代码	含义
	读取与故障相关数据流	数据流	含义

4. 故障范围分析。

思维导图

5. 用示波器检查碰撞信号波形。

作业图例	作业内容	完成情况
	把起动开关打至 OFF 挡	□是　□否
	设置示波器通道 1，幅值 5 V/div，周期 10 ms	□是　□否

作业图例	作业内容	完成情况
	踩下制动踏板,将起动开关打至 ON 挡	□是　□否

波形测量（测量对象）：测量 CA69/（ ）与搭铁之间信号电压波形

实测波形						标准波形					

检测分析：

6. 检查 ACU 与中间连接器 IP02a 之间线路故障。

作业图例	作业内容	完成情况		
	把起动开关打至 OFF 挡，拆下蓄电池负极	□是　□否		
	断开 ACU 线束连接器 IP54	□是　□否		
	用万用表测量 IP02a/（　　）与 IP54/（　　）间电阻	测量值 ____Ω	测量值 ____Ω	判断 □正常 □异常

作业图例	作业内容	完成情况		
		测量值	测量值	判断
	用万用表测量 IP02a/（　） 与车身搭铁电阻	___ Ω	___ Ω	□正常 □异常
	连接蓄电池负极，将起动开关打至 ON 挡	□是　□否		
		测量值	测量值	判断
	用万用表测量 IP02a/（　）与搭铁电压	___ V	___ V	□正常 □异常

作业图例	作业内容	完成情况
检测分析：		

7. 检查 BMS 与中间连接器 CA01a 之间线路故障。

作业图例	作业内容	完成情况
	把起动开关打至 OFF 挡，拆下蓄电池负极	□是　□否
	断开 BMS 线束连接器 CA69	□是　□否

作业图例	作业内容	完成情况		
	用万用表测量 CA69/（　　）与 CA01a/（　　）间电阻	测量值	测量值	判断
		＿＿Ω	＿＿Ω	□正常 □异常
	用万用表测量 CA69/（　　）与车身搭铁电阻	测量值	测量值	判断
		＿＿Ω	＿＿Ω	□正常 □异常
	连接蓄电池负极，将起动开关打至 ON 挡	□是　　□否		
	用万用表测量 CA69/（　　）与搭铁电压	测量值	测量值	判断
		＿＿V	＿＿V	□正常 □异常

作业图例	作业内容	完成情况
检测分析：		

8. 故障恢复并验证。

作业图例	作业内容	完成情况
	连接蓄电池负极	□是　□否
	踩下制动踏板，打开起动开关	□是　□否

作业图例	作业内容	完成情况
	观察仪表显示是否正常	□是 □否
	整车能否上电	□能 □不能
	交流慢充能否充电	□能 □不能
	连接故障诊断仪，读取并清除故障码	□是 □否

作业图例	作业内容	完成情况
验证分析：		

9. 整理恢复场地。

作业图例	作业内容	完成情况
	关闭车辆起动开关	□是　□否
	收起并整理防护四件套	□是　□否
	关闭测量平台一体机	□是　□否
	关闭测量平台电源开关	□是　□否
	清洁并整理测量平台	□是　□否
	清洁防护用具并归位	□是　□否
	清洁整理仪器设备与工具	□是　□否
	清洁实训场地	□是　□否
	收起安全警示牌	□是　□否
	收起安全围挡	□是　□否

学习活动 5　质量检查

建议学时：1 学时。

学习要求：能根据动力电池总成漏电检测要求，按指导教师和行业规范标准进行作业，在项目工单上填写评价结果。

具体要求：

请指导教师检查本组作业结果，并针对作业过程中出现的问题提出改进措施及建议。

序号	评价标准	评价结果
1	基本检查是否规范	
2	故障现象确认是否正确	
3	读取故障代码、数据流是否规范	
4	故障范围分析是否正确	
5	用示波器检查碰撞信号波形作业是否规范	
6	检查 ACU 与中间连接器 IP02a 之间线路故障作业是否规范	
7	检查 BMS 与中间连接器 CA01a 之间线路故障作业是否规范	
8	故障恢复并验证是否规范	
9	恢复场地是否规范	
综合评价	☆ ☆ ☆ ☆ ☆	
综合评语 （作业问题及 改进建议）		

学习活动6 评价反馈

建议学时：1学时。

学习要求：掌握 BMS 组成与工作原理、BMS 碰撞信号作用与工作过程；能正确查阅电路图；能正确利用仪器设备对 BMS 碰撞信号故障进行检修。在作业结束后及时记录、反思、评价、存档，总结工作经验，分析不足，提出改进措施，注重自主学习与提升。

具体要求：

1. 请根据自己在课堂中的实际表现进行自我反思和自我评价。

自我反思：＿＿＿＿＿＿＿＿＿＿＿＿＿＿＿＿＿＿＿＿＿＿＿＿＿＿＿＿＿＿

＿＿＿＿＿＿＿＿＿＿＿＿＿＿＿＿＿＿＿＿＿＿＿＿＿＿＿＿＿＿＿＿＿＿＿＿＿＿

＿＿＿＿＿＿＿＿＿＿＿＿＿＿＿＿＿＿＿＿＿＿＿＿＿＿＿＿＿＿＿＿＿＿＿＿＿。

自我评价：＿＿＿＿＿＿＿＿＿＿＿＿＿＿＿＿＿＿＿＿＿＿＿＿＿＿＿＿＿＿

＿＿＿＿＿＿＿＿＿＿＿＿＿＿＿＿＿＿＿＿＿＿＿＿＿＿＿＿＿＿＿＿＿＿＿＿＿＿

＿＿＿＿＿＿＿＿＿＿＿＿＿＿＿＿＿＿＿＿＿＿＿＿＿＿＿＿＿＿＿＿＿＿＿＿＿。

2. 请教师根据学生在课堂中的实际表现进行评价打分。

项目	内容	评分标准	得分
知识点 （30分）	认知 BMS 碰撞信号组件安装位置（10分）	视认知情况扣分	
	掌握 BMS 碰撞信号的工作原理与控制策略（10分）	正确表述 BMS 碰撞信号工作原理与控制过程，视掌握情况扣分	
	熟悉 BMS 碰撞信号线路及各端子含义（10分）	端子错误每项扣 3 分	
技能点 （45分）	正确进行基本检查和故障现象确认（10分）	视完成情况扣分	
	正确读取故障代码和数据流并进行故障范围分析（10分）	视完成情况扣分	
	正确制订计划并进行故障诊断与排除（25分）	测量点每错误一项扣 5 分	
素质点 （25分）	严格执行操作规范（10分）	视不规范情况扣分	
	任务完成的熟练程度（10分）	视完成情况扣分	
	6S 管理（5分）	视完成情况扣分	
总分（满分100分）			

据中国电动汽车百人会统计相关数据，电动汽车与混合动力汽车典型安全事故中，其中已查明与电池组相关的事故达到30%，因碰撞造成起火的60%确定由电池引起，可以说电池的碰撞安全性已经成为影响新能源汽车安全性的重要因素。2017年12月27日，清华大学苏州汽车研究院尹斌在会上发表了"新能源汽车动力电池的碰撞安全研究及轻量化应用"的主题演讲，其中提到，面向锂离子动力电池的碰撞安全设计需求，我们针对机械滥用载荷下锂离子电池的变形与失效，在组分、单体和模组三个层次上开展了试验与仿真研究，深入分析了锂离子电池的冲击力学响应和失效机理，开发了有效预测电池碰撞变形与内短路的有限元模型，为电动汽车动力电池碰撞保护设计提供了支撑。

问题：结合新能源汽车动力电池碰撞安全的知识，谈谈你对提高动力电池安全性措施的想法。

学习任务十　动力电池热管理系统认知

学习目标

1. 能够说出动力电池热管理系统的功能与类型；
2. 能够识别动力电池热管理系统各组件位置；
3. 能够查找动力电池热管理系统部件电路图；
4. 能够检查动力电池热管理系统部件工作状态。

素质目标

1. 严格执行企业检修标准流程；
2. 严格执行企业 6S 管理制度；
3. 培养严谨求实的工匠精神、热爱劳动的好品质。

建议学时

9~12 学时。

工作情境描述

　　小刘是新能源汽车服务站的一名员工，负责新能源汽车检修工作，已经在服务站工作了一年。现服务站来了一名新员工，主管让小刘向新员工介绍电动汽车的动力电池热管理系统，如何识别吉利帝豪 EV450 动力电池热管理系统部件位置及工作状态检查等相关知识。

工作流程与活动

学习活动 1　接受任务

建议学时：1 学时。

学习要求：能够说出动力电池热管理系统的功能与类型；能够识别动力电池热管理系统各组件位置；能够查找动力电池热管理系统部件电路图；能够检查动力电池热管理系统部件工作状态。

具体要求：

1. 进行作业前准备。

（1）作业前现场环境检查。

（2）防护用具检查。

（3）仪表工具检查。

（4）测量绝缘地垫绝缘电阻。

2. 登记车辆基本信息。

项目	内容		完成情况
品牌			□是 □否
VIN			□是 □否
生产日期			□是 □否
动力电池	型号：	额定容量：	□是 □否
驱动电机	型号：	额定功率：	□是 □否
行驶里程		km	□是 □否

学习活动 2　信息收集

建议学时：1~2 学时。

学习要求：通过查找相关信息，能够掌握动力电池热管理系统的功能与类型；能够识别动力电池热管理系统各组件位置；能够查找动力电池热管理系统部件电路图；能够检查动力电池热管理系统部件工作状态。

具体要求：

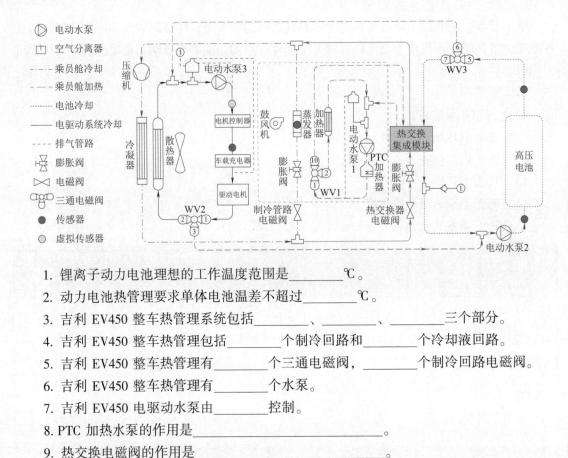

图例：
- 电动水泵
- 空气分离器
- ---·--- 乘员舱冷却
- ----- 乘员舱加热
- ········ 电池冷却
- ——— 电驱动系统冷却
- ---- 排气管路
- 膨胀阀
- 电磁阀
- 三通电磁阀
- 传感器
- 虚拟传感器

1. 锂离子动力电池理想的工作温度范围是_____℃。

2. 动力电池热管理要求单体电池温差不超过_____℃。

3. 吉利 EV450 整车热管理系统包括_____、_____、_____三个部分。

4. 吉利 EV450 整车热管理包括_____个制冷回路和_____个冷却液回路。

5. 吉利 EV450 整车热管理有_____个三通电磁阀，_____个制冷回路电磁阀。

6. 吉利 EV450 整车热管理有_____个水泵。

7. 吉利 EV450 电驱动水泵由_____控制。

8. PTC 加热水泵的作用是_____。

9. 热交换电磁阀的作用是_____。

10. 吉利 EV450 热管理系统的控制器为_____。

11. 查找动力电池冷却回路部件电路图。

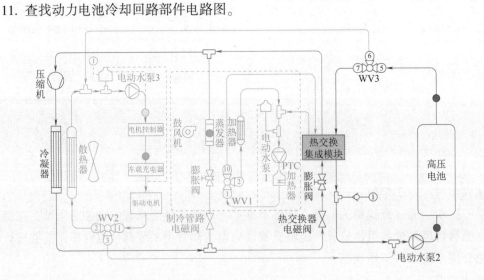

冷却回路部件	绘制电路图	电路图页码	部件脚位含义
压缩机			
热交换器电池阀			
WV3 电磁阀			
电动水泵 2			

12. 查找动力电池加热回路部件电路图。

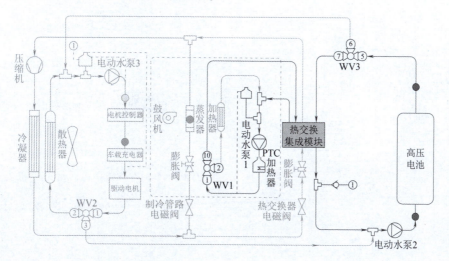

加热回路部件	绘制电路图	电路图页码	部件脚位含义
PTC 加热器			
电动水泵 1			
WV1 电磁阀			
电动水泵 2			

13. 查找电驱动冷却回路加热动力电池部件电路图。

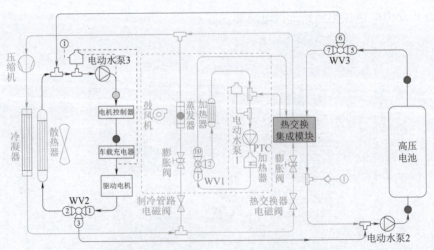

加热回路部件	绘制电路图	电路图页码	部件脚位含义
电动水泵 3			
WV2 电磁阀			

学习活动 3　制订计划

建议学时：1 学时。

学习要求：能与相关人员进行专业有效的沟通，根据动力电池热管理系统认知的相关知识，制订相应的任务计划。

具体要求：

1. 根据动力电池热管理系统认知任务，制订相应的任务计划。

作业流程		
序号	作业项目	操作要点
1	参考动力电池热管理系统回路图，在实车中找出各部件并按部件所属回路把部件编号填入对应的表中	
2	读取故障代码、数据流	
3	检查蓄电池电压	
4	检测 PTC 加热水泵供电电压	
5	检测三通电磁阀供电电压	
6	检测热交换器电磁阀供电电压	

序号	作业项目	操作要点
7	整理恢复场地	
计划审核	审核意见： 年　　月　　日　　签字	

2. 请根据动力电池热管理系统认知的作业计划，完成小组成员任务分工。

主操作人		记录员	
监护人		展示员	
检测设备/工具/材料			
序号	名称	数量	清点
1	纯电动新能源汽车	1 辆	□已清点
2	安全帽	1 个	□已清点
3	护目镜	1 副	□已清点
4	绝缘鞋	1 双	□已清点
5	绝缘手套	1 双	□已清点
6	诊断仪	1 个	□已清点
7	万用表	1 个	□已清点
8	放电工装	1 套	□已清点
9	绝缘检测仪	1 个	□已清点

建议学时：4~6 学时。

学习要求：能根据制订的工作方案，进行读取故障代码、数据流，检查蓄电池电压，检测 PTC 加热水泵供电电压，检测三通电磁阀供电电压，检测热交换器电磁阀供电电压、恢复场地等工作。

具体要求：

1. 参考下方动力电池热管理系统回路图，在实车中找出各部件并按部件所属回路把部件编号填入下表。

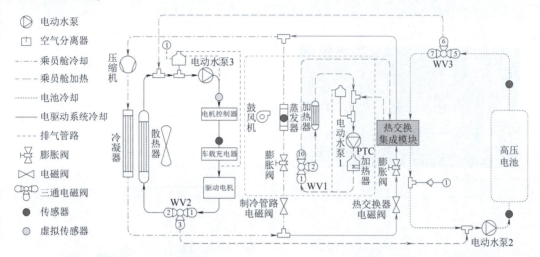

（1）PTC 加热器回路膨胀罐；

（2）动力电池、电驱动回路膨胀罐；

（3）电机水泵；

（4）PTC 加热水泵；

（5）动力电池冷却水泵；

（6）三通电磁阀 WV1；

（7）三通电磁阀 WV2；

（8）三通电磁阀 WV3；

（9）压缩机；

（10）PTC 加热器；

（11）热交换集成模块；

（12）散热风扇；

（13）冷凝器；

（14）热交换器电磁阀；

（15）制冷管路电磁阀；

（16）加热器。

动力电池热管理系统状态	填写部件编号
动力电池冷却回路部件	
动力电池加热回路部件	
电驱动加热动力电池回路部件	

2. 读取故障代码、数据流。

作业图例	作业内容	完成情况
	关闭点火开关	□是　□否
	将 OBD Ⅱ 测量线连接至 VCI 设备	□是　□否
	连接车辆 OBD 诊断座，VCI 设备电源指示灯亮起	□是　□否
	打开点火开关	□是　□否

作业图例	作业内容	完成情况	
	选择相应车型并读取故障代码	故障代码	含义
	读取与故障相关数据流	数据流	含义

3. 检查蓄电池电压。

作业图例	作业内容	完成情况		
	关闭点火开关	□是　　□否		
	断开蓄电池负极	□是　　□否		
	测量蓄电池电压	测量值	标准值	判断
		＿＿ V	＿＿ V	□正常 □异常

4. 检测 PTC 加热水泵供电电压。

作业图例	作业内容	完成情况
	断开加热水泵线束连接器 CA72	□是　　□否
	打开点火开关,车辆上电	□是　　□否

作业图例	作业内容	完成情况		
		测量值	标准值	判别
	测量线束连接器 CA72/（　　）与接地电压	＿＿V	＿＿V	□正常 □异常
检测分析:				

5. 检测三通电磁阀供电电压。

作业图例	作业内容	完成情况
	断开三通电磁阀线束连接器 CA56	□是　　□否

作业图例	作业内容	完成情况		
	打开点火开关，车辆上电	□是　□否		
	测量线束连接器CA56/（　　）与接地电压	测量值	标准值	判别
		___ V	___ V	□正常 □异常

检测分析：

6. 检测热交换器电磁阀供电电压。

作业图例	作业内容	完成情况		
	断开三通电磁阀线束连接器 CA57	□是　□否		
	打开点火开关，车辆上电	□是　□否		
	测量线束连接器 CA567/（　　） 与接地电压	测量值	标准值	判别
		___ V	___ V	□正常 □异常

作业图例	作业内容	完成情况
检测分析：		

7. 恢复场地。

作业图例	作业内容	完成情况
	关闭车辆起动开关	□是　□否
	收起并整理防护四件套	□是　□否
	关闭测量平台一体机	□是　□否
	关闭测量平台电源开关	□是　□否
	清洁并整理测量平台	□是　□否
	清洁防护用具并归位	□是　□否
	清洁整理仪器设备与工具	□是　□否
	清洁实训场地	□是　□否
	收起安全警示牌	□是　□否
	收起安全围挡	□是　□否

学习活动 5　质量检查

建议学时：1 学时。

学习要求：能根据纯电动动力电池的认知要求，按指导教师和行业规范标准进行作业，在项目工单上填写评价结果。

具体要求：

请指导教师检查本组作业结果，并针对作业过程出现的问题提出改进措施及建议。

序号	评价标准	评价结果
1	参考动力电池热管理系统回路图，在实车中找出各部件并按部件所属回路把部件编号填入对应的表，是否规范、正确	
2	读取故障代码、数据流是否规范、正确	
3	检查蓄电池电压是否规范、正确	
4	检测 PTC 加热水泵供电电压是否规范、正确	
5	检测三通电磁阀供电电压是否规范、正确	
6	检测热交换器电磁阀供电电压是否规范、正确	
7	整理恢复场地是否规范、正确	
综合评价	☆ ☆ ☆ ☆ ☆	
综合评语 （作业问题及 改进建议）		

学习活动6　评价反馈

建议学时：1 学时。

学习要求：能够说出动力电池热管理系统的功能与类型；能够识别动力电池热管理系统各组件位置；能够查找动力电池热管理系统部件电路图；能够检查动力电池热管理系统部件工作状态。在作业结束后及时记录、反思、评价、存档，总结工作经验，分析不足，提出改进措施，注重自主学习与提升。

具体要求：

1. 请根据自己在课堂中的实际表现进行自我反思和自我评价。

自我反思： _____

_____

_____ 。

自我评价： _____

_____

_____ 。

2. 请教师根据学生在课堂中的实际表现进行评价打分。

项目	内容	评分标准	得分
知识点 （30 分）	认知动力电池热管理组成结构（10 分）	视操作情况扣分	
	掌握动力电池热管理系统工作原理（10 分）	正确表述动力电池加热与冷却策略，不熟悉视情扣分	
	熟悉动力电池热管理系统部件电路及各端子含义（10 分）	端子错误每项扣 3 分	
技能点 （45 分）	正确找出动力电池热管理系统部件位置（20 分）	视完成情况扣分	
	正确进行基本检查确认（5 分）	视完成情况扣分	
	正确完成热管理系统部件检测（20 分）	视完成情况扣分	
素质点 （25 分）	严格执行操作规范（10 分）	视不规范情况扣分	
	任务完成的熟练程度（10 分）	视完成情况扣分	
	6S 管理（5 分）	视完成情况扣分	
总分（满分 100 分）			

思政园地

有数据统计，一辆电动汽车在较恶劣工况下（尤其是在冬季低温时）且开空调情况下，其将影响整车续航能力的 40%以上。根据传热介质的不同，电池的热管理系统可分为风冷、直冷和液冷。新能源车的热管理系统包括：电池热管理系统、汽车空调系统、电机电控冷却系统、减速器冷却系统。

1. 采用风冷的企业：风冷适用于小型功率和良好工况下，目前国内上市的电动汽车电池热管理方案中，北汽、众泰、吉利等车型的电池包还处于风冷技术状态。

2. 采用液冷的车企：液冷是当前应用最广的新能源热管理系统，它通过液体对流换热方式将电池产生的热量带走以达到降温目的。国内外的经典型宝马 i3、特斯拉、雪佛兰 Volt、之诺、吉利帝豪等车型都采取这种技术路线。

3. 采用直冷的车企：直冷是利用制冷剂蒸发潜热的原理，在整车或电池系统中建立空调系统，制冷剂在蒸发器中蒸发并快速高效地将电池系统的热量带走，从而完成对电池系统冷却的作业。宝马 i3 有液冷、直冷两种冷却方案。直冷方式功率最高，但是控制策略最难做，更适合高续航和快充的要求，液冷次之。

问题：结合所学知识，你认为电池的热管理系统有多重要？

学习任务十一　动力电池热管理系统 PTC 加热水泵检修

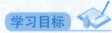 **学习目标**

1. 能够说出动力电池热管理系统加热回路各部件名称；
2. 能够画出动力电池热管理系统加热控制策略；
3. 能够在实车上找出动力电池热管理系统各部件位置；
4. 能正确查阅 PTC 加热水泵电路图；
5. 能正确使用诊断仪器与检测工具进行 PTC 加热水泵检修。

 素质目标

1. 严格执行企业检修标准流程；
2. 严格执行企业 6S 管理制度；
3. 培养严谨求实的工匠精神、热爱劳动的好品质。

 建议学时

9~12 学时。

 工作情境描述

　　小刘是新能源汽车服务站的一名员工，负责新能源汽车检修工作。现有一辆 2018 款吉利 EV450 纯电动汽车出现 PTC 加热功能失效问题，初步判断 PTC 加热水泵存在故障，主管安排小刘针对加热水泵故障进行检修。

工作流程与活动

学习活动 1　接受任务

建议学时：1 学时。

学习要求：了解电动汽车动力电池发展过程，锂离子电池的类型、性能、结构与工作原理，市面上量产车型动力电池组的性能参数以及 EV450 动力电池的性能特点。

具体要求：

1. 进行作业前准备。

（1）作业前现场环境检查。

（2）防护用具检查。

（3）仪表工具检查。

（4）测量绝缘地垫绝缘电阻。

2. 登记车辆基本信息。

项目	内容		完成情况
品牌			□是　□否
VIN			□是　□否
生产日期			□是　□否
动力电池	型号：	额定容量：	□是　□否
驱动电机	型号：	额定功率：	□是　□否
行驶里程	km		□是　□否

学习活动 2　信息收集

建议学时：1~2 学时。

学习要求：通过查找相关信息，能够了解电动汽车动力电池发展过程，锂离子电池的类型、性能、结构与工作原理，市面上量产车型动力电池组的性能参数以及 EV450 动力电池的性能特点。

具体要求：

1. 在实车中找出下图 PTC 加热回路各部件。

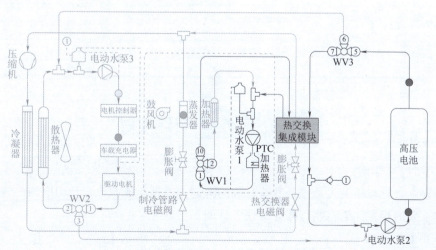

（1）PTC 加热器；

（2）PTC 水泵（Pump1）；

（3）三通电磁阀 WV1；

（4）三通电磁阀 WV3；

（5）电池水泵（Pump2）；

（6）集成于冷却器（Chiller）中的换热器。

2. 查阅吉利 EV450 电路图，PTC 加热水泵电路图所在页码为_____。

3. 画出 PTC 加热水泵线路连接图，并且查询 PTC 加热水泵线路的含义及标准值。

画出 PTC 加热水泵连接图	PTC 加热水泵线路含义及标准值		
	PTC 加热水泵	含义	标准值

4. 简述 PTC 加热水泵主要故障代码及含义。

故障代码	故障含义
B11917B	
B119197	
B119198	
B119121	
B119113	

学习活动 3　　制订计划

建议学时：1 学时。

学习要求：能与相关人员进行专业有效的沟通，根据新能源汽车动力电池热管理系统的 PTC 加热水泵的相关知识，制订相应的任务计划。

具体要求：

1. 根据动力电池热管理系统的 PTC 加热水泵检修任务，制订相应的任务计划。

作业流程		
序号	作业项目	操作要点
1	动力电池总成认知的准备工作	
2	故障现象确认	
3	检查蓄电池电压	
4	检测 PTC 加热水泵供电电压	
5	检查 PTC 加热水泵信号电压	
6	检查 PTC 加热水泵信号波形	
7	检查 PTC 加热水泵信号线路导通性	
8	恢复场地	
计划审核	审核意见： 年　　月　　日　签字	

2. 请根据纯电动汽车动力电池的作业计划，完成小组成员任务分工。

主操作人		记录员	
监护人		展示员	
检测设备/工具/材料			
序号	名称	数量	清点
1	纯电动新能源汽车	1 辆	□已清点
2	安全帽	1 个	□已清点

序号	名称	数量	清点
3	护目镜	1 副	☐ 已清点
4	绝缘鞋	1 双	☐ 已清点
5	绝缘手套	1 双	☐ 已清点
6	诊断仪	1 个	☐ 已清点
7	万用表	1 个	☐ 已清点
8	放电工装	1 套	☐ 已清点
9	绝缘检测仪	1 个	☐ 已清点

学习活动 4　计划实施

建议学时：4~6 学时。

学习要求：能根据制订的工作方案，进行动力电池总成认知的准备工作及北汽新能源汽车 EV160 动力电池的认知、吉利帝豪 EV450 动力电池的认知、恢复场地等工作。

具体要求：

1. 故障现象确认。

作业图例	作业内容	完成情况	
	踩下制动踏板，打开点火开关	☐ 是　☐ 否	
		显示	判断
			☐ 正常　☐ 异常
			☐ 正常　☐ 异常
			☐ 正常　☐ 异常
			☐ 正常　☐ 异常
			☐ 正常　☐ 异常

作业图例	作业内容	完成情况
	整车能否上电	□能　□不能
	交流慢充能否充电	□能　□不能

2. 检查蓄电池电压。

作业图例	作业内容	完成情况		
	关闭点火开关，钥匙安全存放	□是　□否		
	断开蓄电池负极	□是　□否		
		测量值	标准值	判别
	测量蓄电池电压	＿＿V	＿＿V	□正常 □异常

3. 检测 PTC 加热水泵供电电压。

作业图例	作业内容	完成情况		
	断开加热水泵线束连接器 CA72	□是　□否		
	打开点火开关，车辆上电	□是　□否		
		测量值	标准值	判别
	测量线束连接器 CA72/（　）与 CA72/（　）	＿＿ V	＿＿ V	□正常 □异常

作业图例	作业内容	完成情况
检测分析：		

4. 检查 PTC 加热水泵信号电压。

作业图例	作业内容	完成情况
	连接加热水泵线束连接器 CA72	□是　□否
	连接空调控制器 IP86a	□是　□否

作业图例	作业内容	完成情况		
	打开点火开关,车辆上电	□是　□否		
	空调开启制热功能	□是　□否		
	测量线束连接器CA72/（　）与接地电压	测量值	标准值	判别
		＿＿ V	＿＿ V	□正常 □异常

作业图例	作业内容	完成情况
检测分析：		

5. 检查 PTC 加热水泵信号波形。

作业图例	作业内容	完成情况
	打开点火开关，车辆上电	□是　□否
	空调开启制热功能	□是　□否

作业图例	作业内容	完成情况
波形测量（测量对象）：测量线束连接器 CA72/（　　　）与接地信号波形		
实测波形：		
标准波形：		
检测分析：		

6. 检查 PTC 加热水泵信号线路的导通性。

作业图例	作业内容	完成情况
	把起动开关打至 OFF 挡，拆下蓄电池负极	□是　□否

作业图例	作业内容	完成情况		
	断开 PTC 加热水泵线束连接器 CA72	□是　□否		
	断开空调控制器 IP86a	□是　□否		
	测量线束连接器 CA72/（　）与 IP86a/（　）电阻值	测量值	标准值	判别
		____ Ω	____ Ω	□正常 □异常

作业图例	作业内容	完成情况
检测分析：		

7. 恢复场地。

作业图例	作业内容	完成情况
	关闭车辆起动开关	□是　□否
	收起并整理防护四件套	□是　□否
	关闭测量平台一体机	□是　□否
	关闭测量平台电源开关	□是　□否
	清洁并整理测量平台	□是　□否
	清洁防护用具并归位	□是　□否
	清洁整理仪器设备与工具	□是　□否
	清洁实训场地	□是　□否
	收起安全警示牌	□是　□否
	收起安全围挡	□是　□否

学习活动 5　质量检查

建议学时：1学时。

学习要求：能根据动力电池热管理系统 PTC 加热水泵检修要求，按指导教师和行业规范标准进行作业，在项目工单上填写评价结果。

具体要求：

请指导教师检查本组作业结果，并针对作业过程中出现的问题提出改进措施及建议。

序号	评价标准	评价结果
1	动力电池总成认知的准备工作是否齐全	
2	故障现象确认是否规范、正确	
3	检查蓄电池电压是否规范、正确	
4	检测 PTC 加热水泵供电电压是否规范、正确	
5	检查 PTC 加热水泵信号电压是否规范、正确	
6	检查 PTC 加热水泵信号波形是否规范、正确	
7	检查 PTC 加热水泵信号线路导通性是否规范、正确	
8	恢复场地是否规范、正确	
综合评价	☆ ☆ ☆ ☆ ☆	
综合评语 （作业问题及 改进建议）		

学习活动6　评价反馈

建议学时：1 学时。

学习要求：能够说出动力电池热管理系统加热回路各部件名称；能够画出动力电池热管理系统加热控制策略；能够在实车上找出动力电池热管理系统各部件位置；能正确查阅 PTC 加热水泵电路图；能正确使用诊断仪器与检测工具进行 PTC 加热水泵检修。在作业结束后及时记录、反思、评价、存档，总结工作经验，分析不足，提出改进措施，注重自主学习与提升。

具体要求：

1. 请根据自己在课堂中的实际表现进行自我反思和自我评价。

自我反思：_____

_____

_____。

自我评价：_____

_____

_____。

2. 请教师根据学生在课堂中的实际表现进行评价打分。

项目	内容	评分标准	得分
知识点（30分）	认知动力电池热管理系统 PTC 加热回路组成结构（10分）	视操作情况扣分	
	掌握动力电池热管理系统 PTC 加热控制策略（10分）	正确表述动力电池加热策略，不熟悉视情扣分	
	熟悉 PTC 加热水泵电路及各端子含义（10分）	端子错误每项扣 3 分	
技能点（45分）	正确找出 PTC 加热回路部件位置（20分）	视完成情况扣分	
	正确进行基本检查确认（5分）	视完成情况扣分	
	正确完成 PTC 加热水泵检测（20分）	测量点每错误一项扣 5 分	
素质点（25分）	严格执行操作规范（10分）	视不规范情况扣分	
	任务完成的熟练程度（10分）	视完成情况扣分	
	6S 管理（5分）	视完成情况扣分	
总分（满分100分）			

思政园地

在北方，很多车一到冬天，续航里程就大幅降低，为了保证续航只能不开空调制热，导致驾乘体验很差。电动汽车的空调系统制热功能主要由电加热器提供，可是直接用电加热得到热量的话会大大降低电池的电量和行驶里程。有数据统计显示，当冬季行驶时打开基于电加热的空调制热功能时，几乎一半的电量都用于制热了，仅剩一半的电量用于行驶。在热泵热管理系统中，把热量从温度低的地方传到温度高的地方。在夏季，热泵系统把车内的热量传到车外，从而达到制冷效果。在冬季，热泵系统把车外的热量送到车内。相比传统的半导体加热技术，热泵空调的能耗会降低大约 50%。这样在冬季开暖风的情况下，可以提升 10%~15% 的续航里程，这对于目前普遍在 300~500 km 范围内续航的车辆，这个空调还真是在关键时刻续上命了。但热泵空调并不是万能的，在−5 ℃以下的室外温度环境下，热泵的效率就不太高了，这时能做的就只有即时充电。

问题：热泵热管理系统是如何在冬天让车主感到舒适的？简述热泵热管理系统的工作过程。

学习任务十二　动力电池热管理系统三通电磁阀检修

学习目标

1. 能够说出动力电池热管理系统加热回路各部件名称；
2. 能够画出动力电池热管理系统加热控制策略；
3. 能够在实车上找出动力电池热管理系统各部件位置；
4. 能正确查阅三通电磁阀电路图；
5. 能正确使用诊断仪器与检测工具进行三通电磁阀检修。

素质目标

1. 严格执行企业检修标准流程；
2. 严格执行企业 6S 管理制度；
3. 培养严谨求实的工匠精神、热爱劳动的好品质。

建议学时

9~12 学时。

工作情境描述

小刘是新能源汽车服务站的一名员工，负责新能源汽车检修工作。现有一辆 2018 款吉利 EV450 纯电动汽车出现 PTC 加热功能失效问题，初步判断三通电磁阀 WV1 存在故障，主管安排小刘针对三通电磁阀 WV1 故障进行检修。

工作流程与活动

学习活动1　接受任务

建议学时：1 学时。

学习要求：了解动力电池热管理系统加热回路各部件名称；了解动力电池热管理系统加热控制策略；了解动力电池热管理系统各部件位置；正确查阅三通电磁阀电路图。

具体要求：

1. 进行作业前准备。

（1）作业前现场环境检查。

（2）防护用具检查。

（3）仪表工具检查。

（4）测量绝缘地垫绝缘电阻。

2. 登记车辆基本信息。

项目	内容		完成情况
品牌			□是　□否
VIN			□是　□否
生产日期			□是　□否
动力电池	型号：	额定容量：	□是　□否
驱动电机	型号：	额定功率：	□是　□否
行驶里程	km		□是　□否

学习活动 2　信息收集

建议学时：1~2 学时。

学习要求：通过查找相关信息，能够了解动力电池热管理系统加热回路各部件名称，了解动力电池热管理系统加热控制策略，了解动力电池热管理系统各部件位置，正确查阅三通电磁阀电路图。

具体要求：

1. 在实车中找出下图 PTC 加热回路各部件。

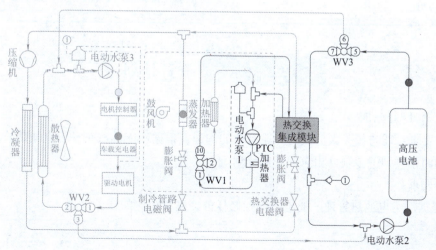

（1）PTC 加热器；

（2）PTC 水泵（Pump1）；

（3）三通电磁阀 WV1；

（4）三通电磁阀 WV3；

（5）电池水泵（Pump2）；

（6）集成于冷却器（Chiller）中的换热器。

2. 查阅吉利 EV450 电路图，三通电磁阀电路图所在页码为_____。

3. 画出三通电磁阀线路电路图，并且写出三通电磁阀线路含义及标准值。

画出三通电磁阀电路图	三通电磁阀线路含义及标准值		
	三通电磁阀	含义	标准值

4. 使用维修手册，查找三通电磁阀主要故障代码所在页码为_____，在下表写出相关故障代码含义。

故障代码	故障含义
B119501	
B119601	
B119701	

学习活动 3　制订计划

建议学时：1 学时。

学习要求：能与相关人员进行专业有效的沟通，根据新能源汽车动力电池热管理系统三通电磁阀的相关知识，制订相应的任务计划。

具体要求：

1. 根据动力电池热管理三通电磁阀检修任务，制订相应的任务计划。

作业流程		
序号	作业项目	操作要点
1	动力电池热管理系统三通电磁阀检修准备	
2	读取故障代码、数据流	
3	检查蓄电池电压	
4	检测三通电磁阀 WV1 供电电压	
5	检查三通电磁阀 WV1 信号电压	
6	检查三通电磁阀 WV1 信号波形	
7	检查三通电磁阀 WV1 线路导通性	
8	恢复场地是否规范	
9	恢复场地	
计划审核	审核意见： 　　　　　　　　　　　　年　　月　　日　签字	

2. 请根据纯电动汽车动力电池热管理系统三通电磁阀检修作业计划，完成小组成员任务分工。

主操作人		记录员	
监护人		展示员	
检测设备/工具/材料			
序号	名称	数量	清点
1	纯电动新能源汽车	1 辆	□已清点
2	安全帽	1 个	□已清点

序号	名称	数量	清点
3	护目镜	1 副	□已清点
4	绝缘鞋	1 双	□已清点
5	绝缘手套	1 双	□已清点
6	诊断仪	1 个	□已清点
7	万用表	1 个	□已清点
8	放电工装	1 套	□已清点
9	绝缘检测仪	1 个	□已清点

学习活动 4 计划实施

建议学时：4~6 学时。

学习要求：能根据制订的工作方案，进行读取故障代码、数据流，检查蓄电池电压，检测三通电磁阀 WV1 供电电压，检查三通电磁阀 WV1 信号电压，检查三通电磁阀 WV1 信号波形，检查三通电磁阀 WV1 线路导通性，恢复场地是否规范等工作。

具体要求：

1. 读取故障代码、数据流。

作业图例	作业内容	完成情况
	关闭点火开关	□是　□否

作业图例	作业内容	完成情况
	将 OBD Ⅱ 测量线连接至 VCI 设备	□是　□否
	连接车辆 OBD 诊断座，VCI 设备电源指示灯亮起	
	打开点火开关	□是　□否
	选择相应车型并读取故障代码	□是　□否

作业图例	作业内容	完成情况
	读取与故障相关数据流	□是 □否

2. 检查蓄电池电压。

作业图例	作业内容	完成情况		
	关闭点火开关	□是 □否		
	断开蓄电池负极	□是 □否		
	测量蓄电池电压	测量值	标准值	判断
		——V	——V	□正常 □异常

3. 检测三通电磁阀 WV1 供电电压。

作业图例	作业内容	完成情况
	断开三通电磁阀 WV1 线束连接器 CA54	□是 □否

続表

作业图例	作业内容	完成情况		
	打开点火开关，车辆上电	□是　□否		
		测量值	标准值	判别
	测量线束连接器 CA54/（　　）与 CA54/（　　）	＿＿ V	＿＿ V	□正常 □异常

检测分析：

4. 检查三通电磁阀 WV1 信号电压。

作业图例	作业内容	完成情况
	连接三通电磁阀 WV1 线 束 连 接 器 CA54	□是　□否
	打开点火开关，车辆上电	□是　□否
	空调开启制热功能	□是　□否

作业图例	作业内容	完成情况		
		测量值	标准值	判别
	测量线束连接器 CA54/（　　）与接地电压	___V	___V	□正常 □异常

检测分析：

5. 检查三通电磁阀 WV1 信号波形。

作业图例	作业内容	完成情况
	打开点火开关，车辆上电	□是　□否

作业图例	作业内容	完成情况
	空调开启制热功能	□是　□否

波形测量（测量对象）：测量线束连接器 CA54/（　　　）与接地信号波形

实测波形：

标准波形：

检测分析：

6. 检查三通电磁阀 WV1 线路导通性。

作业图例	作业内容	完成情况
	把起动开关打至 OFF 挡，拆下蓄电池负极	□是　□否
	连接三通电磁阀 WV1 线束连接器 CA54	□是　□否
	断开空调控制器 IP85	□是　□否

作业图例	作业内容	完成情况		
		测量值	标准值	判别
	测量线束连接器 CA54/（　）与 IP85/（　）电阻值	＿＿Ω	＿＿Ω	□正常 □异常

检测分析：

7. 恢复场地。

作业图例	作业内容	完成情况
	关闭车辆起动开关	□是　□否
	收起并整理防护四件套	□是　□否
	关闭测量平台一体机	□是　□否
	关闭测量平台电源开关	□是　□否
	清洁并整理测量平台	□是　□否
	清洁防护用具并归位	□是　□否
	清洁整理仪器设备与工具	□是　□否
	清洁实训场地	□是　□否
	收起安全警示牌	□是　□否
	收起安全围挡	□是　□否

建议学时：1 学时。

学习要求：能根据动力电池热管理系统三通电磁阀检修的要求，按指导教师和行业规范标准进行作业，在项目工单上填写评价结果。

具体要求：

请指导教师检查本组作业结果，并针对作业过程出现的问题提出改进措施及建议。

序号	评价标准	评价结果
1	动力电池热管理系统三通电磁阀检修的准备工作是否充分	
2	读取故障代码、数据流是否规范、正确	
3	检查蓄电池电压是否规范、正确	
4	检测三通电磁阀 WV1 供电电压是否规范、正确	
5	检查三通电磁阀 WV1 信号电压是否规范、正确	
6	检查三通电磁阀 WV1 信号波形是否规范、正确	
7	检查三通电磁阀 WV1 线路导通性是否规范、正确	
8	恢复场地是否规范	
综合评价	☆　☆　☆　☆　☆	
综合评语（作业问题及改进建议）		

建议学时：1 学时。

学习要求：能说出动力电池热管理系统加热回路各部件名称；了解动力电池热管理系统

加热控制策略；了解动力电池热管理系统各部件位置；正确查阅三通电磁阀电路图。在作业结束后及时记录、反思、评价、存档，总结工作经验，分析不足，提出改进措施，注重自主学习与提升。

具体要求：

1. 请根据自己在课堂中的实际表现进行自我反思和自我评价。

自我反思：_____

_____

_____。

自我评价：_____

_____

_____。

2. 请教师根据学生在课堂中的实际表现进行评价打分。

项目	内容	评分标准	得分
知识点 （30分）	认知动力电池热管理系统 PTC 加热回路组成结构（10分）	视操作情况扣分	
	掌握动力电池热管理系统 PTC 加热控制策略（10分）	正确表述动力电池加热策略，不熟悉视情扣分	
	熟悉三通电磁阀电路及各端子含义（10分）	端子错误每项扣 3 分	
技能点 （45分）	正确找出三通电磁阀部件位置（20分）	视完成情况扣分	
	正确进行基本检查确认（5分）	视完成情况扣分	
	正确完成三通电磁阀检测（20分）	测量点每错误一项扣 5 分	
素质点 （25分）	严格执行操作规范（10分）	视不规范情况扣分	
	任务完成的熟练程度（10分）	视完成情况扣分	
	6S 管理（5分）	视完成情况扣分	
总分（满分100分）			

在"工业4.0"背景下，产业发展已经进入到智能化、自动化、信息化发展阶段，工业与信息技术的融合程度进一步加深。松江赫斯可汽车部件（上海）有限公司主要生产汽车发动机零部件和电磁阀。2018年以来公司实施"高端新能源汽车变速箱电磁阀产业化技术改造项目"技术改造，项目成功研制并生产新能源汽车变速箱电磁阀产品，有力推动了电磁阀产品在汽车零部件行业的应用。电磁阀有很多种，不同的电磁阀在控制系统的不同位置发挥作用，最常用的是单向阀、安全阀、方向控制阀、速度调节阀等。

问题：根据所学知识谈谈三通电磁阀的工作原理。